本书出版得到作者主持的陕西省教育厅《自愈软件系统设计与评价方法研究》（项目编号16JKl303）及"西安财经大学学术著作出版资助"的资金资助

复杂计算系统可信技术与方法研究

陈树广　著

中国财经出版传媒集团

中国财政经济出版社

图书在版编目（CIP）数据

复杂计算系统可信技术与方法研究／陈树广著. --
北京：中国财政经济出版社，2021. 12
ISBN 978 - 7 - 5223 - 0842 - 5

Ⅰ. ①复… Ⅱ. ①陈… Ⅲ. ①计算机系统－研究
Ⅳ. ①TP303

中国版本图书馆 CIP 数据核字（2021）第 212457 号

责任编辑：葛　新　　　　责任校对：胡永立
封面设计：陈宇琰　　　　责任印制：史大鹏

复杂计算系统可信技术与方法研究
FUZA JISUAN XITONG KEXIN JISHU YU FANGFA YANJIU

中国财政经济出版社 出版

URL：http：//www. cfeph. cn
E - mail：cfeph@ cfeph. cn
（版权所有　翻印必究）
社址：北京市海淀区阜成路甲 28 号　邮政编码：100142
营销中心电话：010 - 88191522　编辑部门电话：010 - 88190666
天猫网店：中国财政经济出版社旗舰店
网址：https：//zgczjjcbs. tmall. com
北京财经印刷厂印刷　各地新华书店经销
成品尺寸：170mm×240mm　16 开　10 印张　161 000 字
2021 年 12 月第 1 版　2021 年 12 月北京第 1 次印刷
定价：56. 00 元
ISBN 978 - 7 - 5223 - 0842 - 5
（图书出现印装问题，本社负责调换，电话：010 - 88190548）
本社质量投诉电话：010 - 88190744
打击盗版举报热线：010 - 88191661　QQ：2242791300

前　言

　　计算系统及其运行环境复杂性不断增长的趋势使计算系统维护越来越困难，花费越来越多，受到不可预知故障的影响越来越大。自愈技术与方法致力于使计算系统在运行过程中感知环境以及操作变化，发现和诊断故障，并能够在系统不间断运行的前提下自动修复故障，它是解决"计算复杂性危机"潜在的重要途径，在环境监测和空间探索以及军事等领域具有重要价值和应用前景。本书围绕复杂计算系统自愈设计与自愈性评价等关键问题展开了较为深入的探索和研究，取得如下研究成果：

　　（1）针对复杂计算系统难以精确建模的特点，采用离散事件模型对其进行统一描述，并在此基础上，将计算系统自愈性描述为可诊断性和可修复性的结合，提出了计算系统自愈性的形式化定义及其弱化形式。针对实际计算系统部分自愈性问题，提出了计算系统部分自愈性量化评价指标——自愈度和自愈深度，并给出了指标具体计算算法。实例分析结果表明，所提出的自愈性量化评价指标能有效地对自愈计算系统设计结果进行评价，为自愈计算系统后续相关研究提供了理论基础。

　　（2）针对在系统模型不完备情况下同步积方法求解系统诊断存在的问题，引出了广义同步积与 θ 同步积的概念，并在此基础上，提出了一种基于 θ 同步积的系统诊断方法。实例分析结果表明，在系统模型不完备的情况下，通过动态设置 θ 值，所提出的诊断方法能够消除大部分伪诊断结果，同时能保留系统较多的可能运行路径，从而在一定程度上解决了同步积方法可能导致的漏诊问题。针对系统模型不完备以及系统模型可能随着系统运行环境的变化而发生演化的问题，提出了一种基于实际观测事件序列完备系统模型的方法，并给出了系统模型完备的具体算法，为系统模型演化提供了理论基础。实例分析结果表明，所提出的系统模型完备方法在观测序列完整和充分的情况下具有可行性和有效性。

（3）针对当前自愈计算系统体系结构和自愈过程缺乏统一描述的问题，提出了自愈计算系统的四元组体系结构 $<F, M_F, H, P>$ 描述方法，详细描述了体系结构下各组成部分的结构及其之间的交互和约束，并给出自愈计算系统在所提出体系结构下的自愈过程。所提出的自愈计算系统体系结构将故障模型与策略库纳入其中，为基于模型的系统分析、设计、评价以及演化提供了基础。

（4）针对自愈计算系统设计过程中功能层与自愈层交织所带来的复杂性问题，以及系统实现过程中的代码缠结问题，借鉴 MDA 思想，提出了一种以故障模型为中心的自愈计算系统横向模型驱动的设计方法。所提出的设计方法能够有效地将系统功能层设计与自愈层设计分离，随后可以通过故障模型在不同阶段进行耦合，从而降低系统整体设计的复杂性。实例设计与分析结果表明，所提出的设计方法具有可行性和有效性。

（5）针对当前软件故障发现与消除策略对自愈计算系统不适应的问题，提出了一种面向结果的自愈思想，从软件故障对计算系统可能造成的影响结果角度出发，构造故障模型；并根据故障模型的可诊断情况，制定不同深度的故障修复策略，从而保障软件系统自愈过程不需要故障定位，且修复能够在不停机状况下进行。根据所提出的自愈思想，针对 Java 程序中内存泄漏问题进行了自愈性分析，设计并实现了一种面向结果的自愈方法，实验结果表明，所提出自愈方法具有可行性和有效性。

著者

2021 年 6 月

目　录

第1章

绪　论

1.1　概述

　　诺贝尔经济学奖与图灵奖获得者哈伯特·西蒙（Herbert A. Simon）在 21 世纪初指出，在当前科学与工程中，我们面临的问题正变得越来越复杂，复杂性在各个领域一直困扰着我们，我们迫切需要解决复杂系统的科学方法[1]。进入 21 世纪以来，计算技术和网络技术迅速发展，其应用领域也越来越广泛，众多机构花费数十年的时间不断建造越来越复杂的计算系统，以期解决不同领域遇到的越来越复杂的问题。在民用航空领域，1989 年投入运营的波音 747-400 飞机上的软件源代码规模为 100 万行，1995 年投入运营的波音 777 飞机上的软件源代码规模增长为 1000 万行，2009 年首飞成功的波音 787 飞机上的软件源代码规模超过了 1 亿行；在军事航空领域，20 世纪 70 年代，美国 F-4A 战斗机上的软件源代码规模为 1000 行，20 世纪 90 年代后期，美国 F-22 战斗机上的软件源代码规模为 180 万行，当前美国 F-35 联合攻击机上的软件源代码规模超过了 580 万行[2]。不同领域的软件源代码规模呈指数级增长的趋势从一个方面说明了当前计算系统复杂性不断增长的事实[3]。同时，计算系统运行与交互环境也变得越来越复杂，计算系统越来越表现为开放、异构、动态特征，运行环境以及资源不断变化。

　　然而，当前计算科学与技术的进步并没有跟上计算系统复杂性增长的步伐，这就使计算系统越来越受到可靠性以及可信赖性问题的困扰。相关研究表明，非常好的软件开发过程可以使软件缺陷率降低到平均每 1 万行源代码包含 1 个缺陷[2]，但对于源代码规模超过百万行的复杂计算系统，其中残留的软件缺陷数量仍然可能较多，这些缺陷终究会导致计算系统在运行过程中出现故障。

　　随着复杂计算系统逐渐渗入社会的各个领域以及人们日常生活的各个方面，它们一旦出现故障，将给社会和人们生活带来巨大影响。在一些关键的行业与领域，计算系统甚至关乎社会稳定和人类生命安全，一旦发生故障将造成严重后果和不可估量的损失。例如，由于飞控软件故障，美国空军 F22 战机（2004 年）与 F16C 战机（2006 年）的坠毁都造成了巨大损失；2008 年 11 月 8 日，北京南站火车售票系统出现故障，导致大量旅客滞留；2009 年 1 月 14 日，德国 Deutsche Bahn AG 铁路公司中心服务器计算系统出现故障，使列车无法正常通信，约 400 个售票窗口和 7000 个自动售票机以及网络售票系统无法正常工作，导致大量旅客滞留，造成重大经济损失。

　　在软件产业中，人们为了降低故障发生的概率或者预防故障的发生以及发生故障之后进行恢复，往往要付出较大代价。Capers Jones 在 2006 年的调查研究表明，自 20 世纪 50 年代以来，软件维护人员在软件从业人员中所占比例持续增长，2000 年所占比例为 70%，2005 年所占比例超过 75%[4]。Davidsen 和 Magne 在 2010 年的研究结果显示，2003 年，软件维护活动在软件生存周期中所占比例为 63%，2010 年这一比例超过 65%[3]。美国加利福尼亚大学的一份研究表明，复杂计算系统超过 50% 的项目预算用于预防系统崩溃以及系统崩溃之后进行恢复。一些故障诊断和修复需要花费一周或者更多时间，而有些故障即使花费更多时间也无法精确诊断[5]。其他一些相关研究也显示了与此类似的结果。尽管不同软件项目的维护成本在项目总预算中所占比例可能不同，但目前平均维护成本所占比例超过 60% 的事实得到了广泛认同[6]。

　　按照目前计算系统复杂性的增长速度，IT 专家和技术人员很快便会发现，仅靠他们的力量已经很难驾驭不断复杂的计算系统，计算系统复杂性的这种发展趋势被称作"计算复杂性危机"[7]。

自愈技术与方法旨在使计算系统具有类似生物系统伤口愈合的特征，能够在系统运行过程中感知环境以及操作的变化，发现和诊断故障，并自行恢复[8]，它是提高计算系统可靠性与自主性的重要技术手段，是解决计算复杂性危机的潜在的重要方法和途径。经过上亿年的进化，生物系统表现出了非凡的健壮性和自愈能力，并且不同物种的自愈机制呈现出多样性，这给自愈计算系统研究带来了启迪和引导。在大型复杂的分布式系统和不间断运行系统领域，如在电信、银行系统以及铁路指挥系统中，自愈技术与方法显得尤为重要，在环境监测、核电站、空间探索以及军事领域，自愈技术与方法更是具有不可估量的价值。

目前，国际上一些专家和学者对计算系统自愈技术和方法从不同角度展开了初步探索和研究，但大部分研究仍然处于对计算系统自愈性的抽象认识与概念层次描述。同时，一部分研究人员开始尝试运用自愈机制解决一些针对特定应用的问题。随着越来越多的研究人员尝试运用自愈技术与方法解决各自领域中遇到的问题，如何对自愈计算系统进行建模，并对其进行自愈性分析和评价是目前迫切需要解决的问题，也成为阻碍自愈系统发展和应用的瓶颈。

1.2　计算系统自愈技术与方法研究的起源与发展

为了应对"计算复杂性危机"，冗余（Redundancy）是人们较早研究并应用的方法之一。该方法的基本思想是，假设同一部件（软件或硬件单元）的多个版本出现故障的事件为独立事件，那么该部件的多个版本同时出现故障的概率将下降。例如，在 N 余度冗余情况下，假设某部件的多个版本出现故障的概率均为 p（$0 < p < 1$），则系统出现故障的概率为 p^N。冗余方法通过增大 N 的值以降低系统出现故障概率。冗余方法的基本假设是部件不同版本出现故障的事件具有独立性，这种独立性对于硬件较为容易获得，但对于软件却十分困难。Knight 和 Leveson 一项关于多版本程序的实验表明，针对同

一份设计需求，不同的程序设计小组很可能会犯同样的错误[9]，这说明了软件多版本的独立性很难保证。同时，Sha 指出，在项目总投入固定的情况下，若采用 N 版本方法，每个独立开发小组能够获得的项目资源将是项目总投入的 $1/N$，而这又有可能导致 N 版本中单个版本可靠性的降低[10]，从而导致整个系统的可靠性降低。此外，对于软件系统，冗余方法还将使系统的可维护性大大降低。

因此，冗余方法当前较多应用于硬件系统，并取得了应有的效果，但是对于软件系统，冗余方法并不理想。这促使软件领域的研究人员转向自主行为系统（Autonomously Behaving Systems）的研究，其中包括了容错系统（Fault – Tolerant Systems）[11]、自稳定系统（Self – Stabilizing Systems）[12]、可存活系统（Surviable Systems）[13] 以及自适应系统（Self – Adaptive Systems）[14]的研究，这些研究内容都涉及了后来出现的计算系统自愈技术与方法，构成了计算系统自愈技术与方法研究的起源。

2001 年，IBM 高级副总裁 Paul Horn 在哈佛大学演讲时提出"自主计算（Autonomic Computing）"概念[7]，以应对计算复杂性危机的问题。"自主计算"也译作"自治计算"，其基本思想是参照生物领域自主神经系统的自我调节机制，以现有的理论和技术为基础构建计算系统，使计算系统具有自我感知与管理的能力。他在演讲中指出"It's time to design and build computing systems capable of running themselves, adjusting to varying circumstances, and preparing their resources to handle most effectively the workloads we put upon them. These autonomic systems must anticipate needs and allow users to concentrate on what they want to accomplish rather than figuring how to rig the computing systems to get them there."

自主计算概念的提出是自主行为系统研究的里程碑，在此之后，众多研究机构与学者纷纷加入其中，使自主计算成为计算机科学领域的一个重要研究内容。

Paul Horn 在最早提出自主计算系统概念的同时，指出了自主计算系统应该包括八个方面的属性[7]，它们分别是自配置（Self – Configuration）、自愈（Self – Healing）、自优化（Self – Optimization）、自保护（Self – Protection）、自感知（Self – Awareness）、环境感知（Context – Awareness）、开放性

（Openness）、隐藏性（Hiding）。这也是"自愈"一词在计算机科学领域中首次正式出现。在此基础上，众多研究机构与人员在各自研究过程中，又分别针对自主计算系统属性提出了自己的观点[15-21]。虽然这些观点不尽相同，但"自愈"是自主计算系统的一个必要且重要的特征得到一致认可。随后，越来越多的研究机构和人员加入到计算系统自愈技术与方法的研究中，使其逐渐成为一个独立的研究方向。

此外，在有机计算（Organic Computing）[22]和生物启发计算（Biologically Inspired Computing, Bio - Inspired Computing）[23]等研究领域，自愈技术与方法都是其中重要的研究内容。

由于计算系统自愈技术与方法在空间探索和军事等安全关键领域的重要价值与广阔应用前景，自 20 世纪 90 年代后期开始，美国国防部高级项目研究局（Defense Advanced Research Projects Agency, DARPA）和美国国家航空航天局（National Aeronautics and Space Administration, NASA）先后支持了多个与自愈相关的研究项目。1997 年，DARPA 支持了 SAS（Situational Awareness System）[24]研究计划；2000 年，DARPA 支持了 DASADA（Dynamic Assembly for System Adaptability, Dependability and Assurance）[25]研究计划；2004 年，DARPA 启动了 SRS（Self - Regenerative Systems）[26]研究计划，该项目计划研究用于构造军事计算系统的新技术，使军事计算系统在故障或者损坏（由于无意的错误操作或者恶意攻击造成）情况下仍能提供重要功能；2005 年，NASA 启动了 ANTS（Autonomous Nano - Technology Swarm）[27]研究计划，计划在未来的空间探索中，运用自主计算技术，使外围空间的大量飞船能够自主完成任务，并且在出现故障情况下能够自行恢复，目前该项计划的后续研究仍在进行之中。这些项目的研究成果为后续的计算系统自愈技术与方法研究提供了基础，同时也促进了计算系统自愈技术与方法研究的发展。

近几年，除了美国军事部门以及 IBM 公司对计算系统自愈技术与方法相关研究项目继续支持之外，欧盟（European Union, EU）也逐渐开始支持该领域的相关研究。2006 年，欧盟 FP6 计划投入 500 万欧元支持 SHADOWS（A Self - Healing Approach to Designing Complex Software Systems）[28]项目，旨在研究提高复杂软件系统可靠性的自愈技术与方法，包括 IBM 以色列研究院、德国波茨坦大学、Philips 公司在内的 6 所大学以及研究机构参与了该项目。2010 年欧盟 FP7 计划继续支持 FastFix[29] 项目，旨在研究复杂软件远程维护以及自愈技术与方法。此外，爱尔兰软件工程研究中心在关键系统演化（Evolving Critical Systems）[30] 方面的相关研究项目中也涉及了自愈技术与方法。

综上所述，计算系统自愈技术与方法研究的发展历程、它与各研究领域关系以及相关研究项目支持情况如图 1-1 所示。

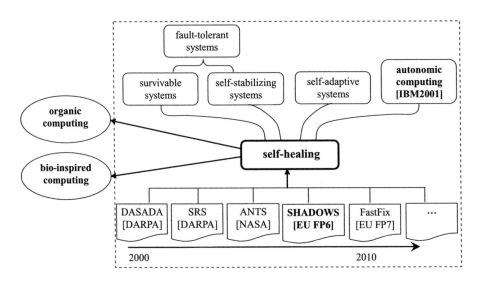

图 1-1   计算系统自愈技术与方法研究的发展历程、它与各研究领域关系
以及相关研究项目支持情况

1.3   国内外研究现状

自 Paul Horn 于 2001 年将"自愈"一词引入计算机科学领域以来，国内外众多学者与研究人员从不同方面对计算系统自愈技术与方法展开了研究，这些研究主要体现在计算系统自愈的内涵、自愈计算系统设计与实现方法、自愈策略以及面向领域的自愈技术研究与应用等方面。

1.3.1　计算系统自愈的内涵

1. 自愈的概念

以 Jeffrey O. Kephart 为代表的一部分研究人员将自愈看作自主计算系统的一个重要属性，并进行了相关研究。Jeffrey O. Kephart 等人在文献[31]中将自愈描述为系统能够自动检测、诊断、定位并修复由于软件缺陷或者系统失效引起的故障的能力。A. G. Ganek 等人在文献[20]中将自愈描述为系统自动监测并隔离失效组件，使其脱机，对其进行修复后使其重新上线，或者对失效组件进行替代的能力。M. R. Nami 等人在文献[32]中将自愈描述为计算系统能够检测到失效组件，并且在不中断系统运行的情况下将该组件清除或者用另外组件替代的能力。S. S. Laster 等人在文献[33]中将自愈描述为系统发现和诊断系统故障并进行反应的能力。A. E. R. Portela 等人文献[34]中将自愈描述为根据系统行为获得系统状态或属性，并在最短时间内进行资源重新分配或故障定位的能力。

另外一些研究人员将自愈作为一个独立的概念进行了研究。D. Breitgand 等人在文献[35]中将自愈描述为系统采用合适的方法监测、自动优化或重配置资源和参数，从而保证和提供可接受服务的能力。文献[35]在描述系统自愈概念的同时强调，一旦发生故障，自愈系统应该有能力在无需人为干涉情况下有效地分析、定位并隔离故障。A. Gorla 等人在文献[36]中将自愈描述为系统预测或者监测故障发生、鉴别原因并隔离它们，以避免系统进一步失效的能力。D. Ghosh 等人在文献[37]中将自愈描述为系统察觉异常，并在系统失效之前进行你跟调整并恢复到正常状态的能力。同时，文献[37]认为自愈系统与容错系统以及可存活系统的最大区别在于，面向恢复计算是自愈系统的一个重要方面，而容错系统和可存活系统并不涉及这一特性。O. Shehory 等人在文献[38]中将自愈描述为软件系统自动监测、诊断、分析、修复系统功能失效和性能故障问题，并预防其再次发生的能力。

不同研究人员对计算系统自愈概念的描述中所涉及的不同方面属性如

图 1 - 2 所示。

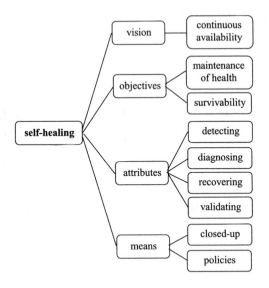

图 1 - 2　自愈概念涉及的不同方面属性

2. 自愈阶段与过程

IBM 公司相关研究小组在自主计算系统研究过程中，认为自主元素是自主计算系统的主要组成部分[31]，并针对自主元素结构提出了 MAPE - K 参考模型[39]。MAPE - K 参考模型是一个由监控（Monitor）、分析（Analyze）、计划（Plan）、执行（Execute）和知识（Knowledge）五个部分组成的自主控制闭环系统，如图 1 - 3 所示。

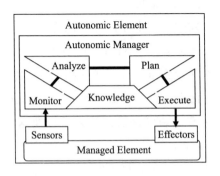

图 1 - 3　自主元素 MAPE - K 参考模型

虽然 IBM 提出 MAPE－K 参考模型主要是用于描述和实现自主元素，但它对自愈系统同样具有借鉴意义。在此基础上，不同研究人员针对自愈计算系统又分别提出了不同的自愈阶段和过程。文献[31,40]将自愈过程描述为监控、诊断和修复三个阶段，这相当于把 MAPE－K 参考模型中的诊断与计划阶段合并为一个阶段。文献[14,41]将自愈过程总结为自诊断和自修复两个阶段，这相当于把 MAPE－K 参考模型中的监控、诊断与计划并入自诊断阶段。文献[36]将自愈过程描述为故障预测或检测、缺陷诊断或定位、缺陷隔离、故障恢复和确认阶段，相比 MAPE－K 参考模型增加了确认过程。文献[33]将系统自愈过程描述为系统监控、诊断、分析与选择修复操作以及修复执行四个阶段组成的双循环过程，如图 1－4 所示。

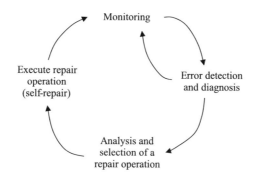

图 1－4　系统自愈的双循环过程

尽管当前众多研究人员对自愈阶段和过程的描述不尽相同，但整体上具有共同点，总结这些观点，我们可以将系统自愈过程描述为由监控、诊断和修复三个阶段组成的闭环系统，如图 1－5 所示。

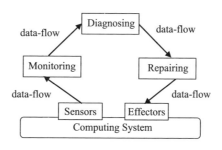

图 1－5　系统自愈过程闭环系统

　　系统在运行过程中,状态处于连续不断的变化中,一些研究人员从系统状态变化角度对自愈过程进行了描述。文献[42]指出,系统自愈过程依赖于系统正常状态、退化状态以及故障状态的区分。文献[21]认为系统自愈主要是指系统整体能够从故障状态恢复到正常状态,而并不是依赖于某个组件从故障状态修复[43]。文献[44]认为定义系统健康状态的标准是十分困难的,因为这些标准是随着系统运行环境以及操作环境而变化的。因此,在很多情况下,系统的正常状态与故障状态之间并没有一道明确的界限。文献[37]在分析系统健康状态和故障状态以及它们之间变迁过程的基础上,在系统健康状态与故障状态之间增加了一个模糊区域,或称为退化状态。图1-6表示了增加模糊区域之后系统自愈过程。在图1-6中,判定系统处于故障状态并需要采取修复策略的阈值将是一个关键的问题。

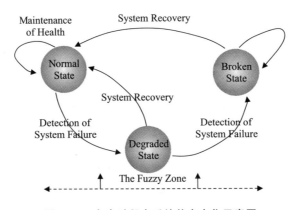

图1-6　自愈过程中系统状态变化示意图

1.3.2　自愈计算系统设计与实现方法

　　随着研究人员对自愈概念和过程认识的不断深入,一部分研究人员针对自愈计算系统设计与实现方法展开了研究,根据这些研究所采取方法的思想不同,可以将它们归纳为如下三类:

1. 基于外部的方法

基于外部的方法基本思想是，从系统运行环境的外部角度监控系统运行过程中的外部表征或环境变化，并在此基础上对系统进行诊断，必要时通过外部行为对系统进行修复。如图 1-7 所示。

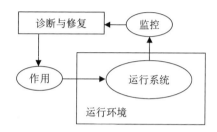

图 1-7　基于外部的方法示意图

基于系统体系结构的自愈方法是基于外部方法的典型代表。该方法的思想是利用系统体系结构模型作为系统自愈的基础，从系统运行的外部监控系统体系结构模型在系统运行过程中的变迁，并据此进行诊断和修复。

加利福尼亚大学软件研究所的 Dashofy 等人在文献[45]中提出了一种基于体系结构模型构建自愈系统的思想，利用一种基于扩展 XML 的体系结构描述语言——xADL2.0[46]描述系统模型，通过分析系统运行过程中的模型变化诊断故障的发生，并通过对体系结构模型的重配置，达到对系统进行修复的目的。文献[45]只是提出了一种构建自愈系统的初步思想，并没有讨论根据体系结构诊断故障发生的方法以及体系结构的修复方法。

卡内基·梅隆大学计算机学院的 Garlan 等人长期从事自愈系统设计与实现方法研究。在文献[47]中他们同样提出了基于体系结构模型构造自愈系统的思想，并通过一个典型客户——服务器应用程序的实验证实了所提出方法的的有效性。在 "Rainbow - Architecture - based Adaptation of Complex Systems" 项目的研究过程中，他们提出了一个支持自愈系统设计的 Rainbow 系统[48-49]。Rainbow 以系统体系结构模型为基础，允许系统开发人员通过设计自愈策略向现有系统中增加自愈功能。

华盛顿大学 Estwick 在其博士论文中利用业务规则（Bussiness Rules）描

述针对软件体系结构的约束，在此基础上研究了根据系统体系结构约束规则诊断与修复故障的方法，并提出了一种基于业务规则库的自愈系统实现框架[50]。

南京大学计算机软件新技术国家重点实验室的许满武、杨群以及万群丽等人也针对基于系统体系结构的自愈方法展开了研究。杨群在文献[51]中提出了一种基于系统体系结构模型的自愈系统实现框架，通过 XML 描述系统体系结构，系统重配置通过更新 XML 文件实现。万群丽在其硕士论文"基于软件体系结构的自愈研究与应用"[52]中研究了基于软件体系结构的自愈方法以及应用。王纪文在文献[53]中，针对基于软件体系结构的自愈系统建模与分析方法展开了研究，并提出了利用 Petri 网对自愈系统进行分析的方法。

在基于外部的方法中，除了以系统体系结构为自愈基础之外，文献[54-59]分别研究了基于连接器、容器、系统构件之间依赖性以及日志的自愈系统设计方法，这些研究都属于基于外部方法的范畴。

基于外部方法的优点是：①自愈过程中的各阶段——监控、诊断以及修复在系统及其运行环境外部进行，与目标系统相对隔离，因此，自愈过程不需要通过修改目标系统代码；②根据不同系统的要求不同，自愈过程中可以灵活选用多种诊断与修复模型以及方法，具有较好的动态可配置性；③基于外部的方法本身并不是针对具体应用的，因此，该方法及其实现机制具有可重用性；④该方法对于遗留系统以及无法获得源码的目标系统具有适用性。

基于外部方法的缺点是：①该方法很难获得目标系统内部状态，这给自愈过程中故障诊断以及修复方法的选择带来了困难；②自愈过程中的修复行为仅针对系统外部或者环境模型进行，限制了修复动作的执行以及效果。

2. 基于内部的方法

基于内部的方法基本思想是，在目标系统设计与实现过程中考虑并添加系统自愈功能，使自愈功能与目标系统在同一环境下运行，如图1-8所示。

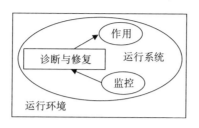

图 1－8　基于内部的方法示意图

当前大部分程序设计语言本身都在不同程度上提供了支持这种方法的机制，例如异常（Exceptions）与断言（Assertions）机制以及运行时的库函数支持等。这些语言本身提供的机制只是为系统自愈功能实现提供了一种内在的方法，并没有解决自愈系统设计问题。

J. Park 等人在文献[60]中提出了一种自愈代码自动产生的方法，该方法通过对系统设计过程中的各种 UML 模型进行分析，从而产生各种内部状态以及外部环境约束规则，并根据这些约束规则产生监控与诊断代码，进一步结合修复策略自动产生修复代码，他们后续相关的研究仍在进行之中。E. Vassev 在其博士论文"Towards a Framework for Specification and Code Generation of Autonomic Systems"[61]中设计了一种自主计算系统描述语言——ASSL（Autonomic System Specification Language），专门用于自主计算系统的设计与开发，系统开发人员通过 ASSL 可以直接向系统中添加自愈功能。在文献[62]中，E. Vassev 等人尝试利用 ASSL 描述美国 NASA 模拟星际探测任务[63]中飞船的自愈行为，并为自愈行为自动生成了代码框架，说明了 ASSL 在系统自愈功能描述方面的有效性。

基于内部方法的优点是：①更容易获得系统运行过程中的内部状态与行为信息，为自愈过程中故障诊断以及修复方法选择提供更准确的依据；②诊断和修复行为可以深入系统内部，根据要求不同实现不同粒度的自愈，效率较高。

基于内部方法的缺点是：①需要在系统正常功能设计的同时考虑自愈功能，设计容易陷入混乱；②自愈代码与功能代码缠绕在一起，实现与维护困难；③系统自愈部分与功能部分运行于同一环境下，容易导致功能部分与自愈部分同时失效；④系统获得局部信息容易，获得全局信息困难，不利于解决系统性能退化问题。⑤该方法适合于从零开始开发的系统，或者至少可获得源码的系统，不适应于遗留系统或者第三方产品。

3. 基于内外部结合的方法

　　基于内外部结合的方法可以充分利用基于外部和基于内部两种方法的优点，是自愈计算系统设计与实现方法的发展趋势。该方法的基本思想是，采用基于内部方法在系统中部署传感器和控制点，以更准确获取系统系统状态或行为信息，控制点可以支持不同粒度修复动作的执行；采用基于外部方法在系统运行时进行运行环境监测、故障诊断以及修复方法选择，并使系统自愈部分与正常功能部分相对隔离，如图 1 - 9 所示。

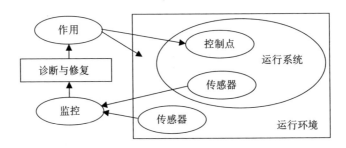

图 1 - 9　基于内外部结合的方法示意图

　　David Breitgand 在文献[35]中提出的自愈系统设计与实现框架——PANACEA 是基于外部与内部结合方法的典型代表。在 PANACEA 框架下，目标系统设计过程中通过注解（Annotations）机制在系统中添加传感器和控制点，PANACEA 框架可以通过这些传感器收集系统运行过程中的内部状态或行为信息，并通过控制点实施相应的自愈行为。注解机制被当前众多语言支持，在 Java 语言中，注解已经成为标准语法[64]，在 C 或者 C ++ 语言中，注解可以通过预编译指令实现。PANACEA 框架采用的外部与内部结合的方法使它能够支持不同粒度的自愈，尤其适合于细粒度的自愈。

　　PANACEA 框架使用的注解机制使目标系统设计与实现人员并不需要掌握新的编程语言和技术就可以向目标系统中添加自愈功能。

面向方面编程（Aspect – Oriented Programming，AOP）[65]是另外一种从外部获取目标系统内部状态或行为信息并获取控制点的机制，该技术在不需要获得目标系统源码情况下，可以在编译或者加载时动态向目标系统中插入代码。一些研究人员已经尝试了使用这种技术向目标系统中添加自愈功能[66-68]。AOP 技术尤其是动态 AOP 技术对于自愈系统具有很大的吸引力，但是效率是当前面向方面编程技术需要解决的问题。

Gaudin 在欧盟 FP7 计划支持的 FastFix 项目[29]研究中提出基于目标系统有限状态机模型的自愈功能设计与实现方法，该方法通过监控目标系统执行过程中的方法调用序列诊断故障的发生，并进行修复，其诊断与修复过程中应用了 AOP 技术[69]，使目标系统的监控与修复功能独立于目标系统。

Shehory 在欧盟 FP6 计划支持的 SHADOWS 项目[28]研究中提出了一种自愈计算系统设计与实现框架[70-71]，该框架扩展了 PDDs（Process – Deliverable Diagrams）为 XPDDs（Extending Process – Deliverable Diagrams），以允许设计人员在设计过程中向目标系统添加诊断、控制点甚至自愈功能（主要针对功能故障），自愈系统在目标系统运行时继续对其进行监控、诊断与修复（主要针对性能故障）[72]。

1. 3. 3　自愈策略

当前研究人员针对自愈策略的研究总体上可以分为两个方面：基于知识模型的方法和基于数学模型的方法。

根据文献[73]，知识模型是运用人工智能或知识工程的方法和技术，例如，知识表达方法（产生式规则、语义网络、框架等）、知识获取技术（人工移植、机器感知、机器学习等）所建立的系统模型。数学模型是运用控制论或运筹学的理论、方法所建立的系统模型，它能够依据不断改变的资源和环境状态自动决定系统参数的调整，使系统性能保持在期望的范围内。

基于知识模型的方法适合于定性分析和逻辑推理，对于那些需要定量描述系统的有关过程和特性的场合，如系统响应速度、吞吐量和存储器的利用率等系统性能的描述，基于知识模型的方法存在一定缺陷，而基于数学模型的方法恰好可以弥补这些缺陷。

Norman 等人[74]在人工智能领域研究中，根据人类行为方式将人类处理信息与反应方式分为三个层次：Reaction、Routine 和 Reflection。Kephat 和 Walsh 在此基础上针对自主计算系统提出了三种具体的自愈策略：动作策略（Action）［也称作 ECA（Event - Condition - Action）策略］、目标策略（Goal）和效用函数策略（Utility Function）[75]。这三种策略中的前两种策略是基于知识模型的；而效用函数策略是基于数学模型的。

对于自愈系统而言，修复或者从故障状态恢复一般需要对多个参数调整，或者需要在多种可能选择之间进行平衡，自愈策略应该能够产生直接或者间接的一系列行为，以使系统迁移到正常状态。因此，仅仅依靠 Reaction 层次的策略实现系统自愈是不够的；而基于目标策略或者效用函数策略可能更加合适，White 等人针对原型系统的评估实验也说明了这一点[21]。浙江大学廖备水等人在文献[76]中指出各种策略具有各自优缺点，不同策略的结合对实现自主计算系统将更具有实际意义。

知识表示是基于知识模型的方法中的一个关键问题，文献[77-80]从不同角度、针对不同领域对知识表示方法与技术进行了研究。系统数学模型的建立是基于数据模型的方法中的一个关键问题，文献[81-83]从效用函数方面研究了系统数学模型的构造方法与技术。

Gaudin 等人[69]尝试从控制理论角度研究系统自愈策略，该方法也属于基于数学模型方法的范畴。其基本思想是，将运行系统描述为有限状态自动机模型，监控器监控系统行为，控制器根据同样用有限状态自动机描述的控制目标决定接受或者拒绝某些事件的发生，从而避免系统运行时出现无法处理的异常。在基于控制理论的自愈策略研究中，对于系统具有较多变量输入并且取值连续的情况，有限状态自动机模型的构造将是一个困难的问题。

此外，在有机计算以及生物计算等研究领域，研究人员针对各自研究问题的特点提出的自愈策略大部分属于基于知识模型的方法的范畴[84-86]。

南京理工大学王纪文在其博士论文"计算系统的自恢复模型构建和自愈策略的研究"[87]中从系统失效预测角度研究了自愈策略。其基本思想是，根据系统运行统计结果构建系统失效的数学模型，在系统失效之前采用主动技术对系统进行恢复或者维护，从而减小系统整体宕机时间，这种策略的最大缺点在于需要停机与人工干预，这与自愈系统的基本思想有所偏离。

1.3.4　面向领域的自愈技术研究与应用

在当前自愈技术与方法研究尚不成熟的情况下，一些研究人员针对具体研究领域的特点，尝试运用自愈机制解决了一些特定的问题。

在操作系统（Operating Systems，OS）研究领域，自愈技术与方法是现代操作系统中的重要研究内容，也是提高其可靠性的重要途径[88]。David 等人在文献[89]中讨论了搭建自愈操作系统的各种不同技术，包括代码重新加载、自动重启、基于看门狗的恢复以及事务支持等，并通过实验分析了这些技术的可行性。Momeni 等人在文献[90]中分析了操作系统常见故障与异常，提出了一种分层操作系统体系结构，并基于 Linux 操作系统内核实现了一个自愈操作系统原型。文献[91]针对操作系统内核安全问题，提出了一种操作系统运行时内核自动恢复的方法。文献[92]针对嵌入式系统中的操作系统安全问题，提出了一种基于多核机制的操作系统自愈方法，并通过原型系统验证了所提出方法的有效性。

西安电子科技大学的李航在其博士论文"一种面向自愈计算的 OS 体系架构的研究"[93]中提出了一种基于分层思想的操作系统体系结构，通过共享内存集中管理系统重要状态，监控进程与应用进程分别运行于系统态和用户态下，并通过一个列车自动控制的原型系统进行了实验。

目前，自愈技术与方法在操作系统领域被越来越多的研究人员以及工业界人员所关注，工业界可用的操作系统 Minix3[94]、Solaris10[95] 和 Choices[96] 中都不同程度引入了自愈技术与方法。

在面向服务计算（Service – Oriented Computing，SOC）研究领域，Pego-raro 等人在文献[97]中针对基于 Web 服务的应用系统，提出了一种自愈体系结构，支持应用系统运行时的监控、诊断与修复，同时提出了基于 QoS 的诊断与修复策略。Wei 等人在文献[98]中提出了一种 Web 服务的动态自愈机制，能够在系统运行中发现失效服务，根据语义 Web 机制动态发现可替代服务，从而对失效服务予以替代。文献[99-100]针对 Web 服务组合的自愈方法与技术进行了研究。Friedrich 等人在文献[101]中针对 Web 服务过程异常，提出了一种基于模型的诊断与修复方法。

在无线传感器网络（Wireless Sensor Networks，WSNs）研究领域，自愈方法与技术在网络拓扑结构、路由、网络安全等多个方面具有重要应用价值[102]。文献[103]针对无线传感器网络中节点失效问题，提出了一种自愈的混合网络结构。文献[104]基于撤销机制提出了一种无线传感器网络的自愈密钥分发方法。文献[105]根据无线传感器网络拓扑易变以及链接不稳定的特征，提出了一种自愈的多路径路由协议。

在空间探索研究领域，飞船在太空所处环境具有易变性，与地面通信具有延迟性，这决定了自主能力，尤其是在故障情况下的自愈能力对飞船或者太空飞行器非常重要[106]。在该研究领域，美国军事部门长期以来一直支持自愈相关技术研究。2005 年，NASA 启动的 ANTS 计划以及后续计划仍在研究之中。文献[62,107-108]的研究内容都涉及这一领域的自愈方法与技术。

此外，在其他诸如嵌入式系统、普适计算、高性能计算以及入侵防护等研究领域，研究人员也展开了一些自愈方法与技术的研究与应用[109-112]。

1.3.5　计算系统自愈性评价与演化

1. 自愈性评价

在自主计算研究领域，IBM 根据系统的自主程度不同将自主计算系统分为 5 个等级[32]，它们分别是：

等级 1：基本级（Basic Level）。在该等级下，系统主要依靠 IT 专业人员管理，IT 专业人员借助监控工具收集信息，并进行人工分析，在必要情况下手工完成系统配置、优化、愈合与保护。

等级 2：可管理级（Managed Level）。在该等级下，系统管理工具能够在收集系统运行信息的同时，辅助管理人员进行分析，在一定程度上减轻管理人员的负担。

等级 3：预测级（Predictive Level）。在该等级下，系统元素能够独立进行自我状态监控和分析变化，并提供管理和维护建议，从而进一步减轻了管理人员的负担。

等级 4：适应级（Adaptive Level）。在该等级下，系统元素能够独立或者联合完成系统状态监控和操作分析，并提供管理和维护建议，从而极大地减少管理人员的干预。

等级 5：自主级（Autonomic Level）。在该等级下，系统在管理人员建立的策略下运行，运行策略指导系统自动进行自我管理和维护，运行过程中不需要人工干预。

根据这种计算系统自主性等级划方法，当前大部分计算系统处于等级 1 或等级 2 的水平[40]，这也说明了当前自主计算技术的研究与应用仍处于初级阶段。另外，这种通过等级划分对系统进行评价的方法仅仅是一种宏观上的定性评价，等级之间的划分较为模糊，对于实际系统，甚至很难准确区分它们属于哪个等级。

IBM Watson 研究中心的 Brown 等人在文献[113]中提出了基于基线测试的系统自愈能力评价方法。该方法在基准环境下对目标系统进行测试，测试过程中注入故障或干扰，根据测试结果，从两个方面量化评价目标系统的自愈能力。一方面是目标系统在故障注入或者干扰情况下完成任务与没有故障或者干扰注入情况下完成任务的数量比率；另一方面是目标系统在故障或者干扰情况下完成任务的自主性。其中，自主性根据 IBM 提出的 5 个等级分别量化为 0、1、2、4、8。分别计算两个方面的得分后进行加权平均并归一化，从而得到系统自愈能力介于 0 和 1 之间的量化值。这种基于基线测试的评价方法存在两个问题：一是对于不同系统基线定义非常困难，尤其是注入故障或者干扰类型的设计没有参照标准；二是自主性的评价通过对 IBM 提出的 5 个等级划分进行量化的方法实现，同样存在划分模糊的问题。

2. 系统演化

随着计算系统及其运行环境的复杂性不断增长，期望它们设计与实现之后便能够提供长期稳定服务是非常困难的。首先，计算系统本身的复杂性决

定了系统建模结果在大部分情况下是不完备的，这可能导致系统的实际运行
与预期不一致，随着时间的推移，这种不一致性可能越来越多地暴露出来；
其次，系统运行环境的变化也可能导致系统运行轨迹偏离预期。因此，自愈
系统应该具备相应的演化机制，以使系统根据实际运行轨迹不断演化自身模
型，为系统故障诊断或者恢复提供基础。

Kephart and Chess[15]等人以及其他一些研究人员[37]将人工干预看作自主
或自愈系统演化的一个环节。另外，还有一些研究人员从生物计算以及控制
论角度对自愈系统演化机制进行了研究，期望系统具备自主演化能力[23,69]。

根据现有资料，研究人员已经认识到自愈计算系统应该具备一定的演化
能力；但由于自愈计算系统体系结构以及系统自愈性评价等内容仍在研究之
中，因此，关于自愈计算系统演化方法与机制尚未被广泛研究。

1.4　自愈计算系统研究面临的关键问题

尽管当前研究人员针对计算系统自愈技术与方法的研究取得了一定研究
成果，并在不同领域尝试应用自愈技术与方法解决了某些特定问题；但总体
看，自愈计算系统的研究仍然处于起步阶段，面临一些阻碍其发展的关键问
题，具体如下：

1. 计算系统自愈性及其评价方法

十余年来，随着研究人员对计算系统自愈技术与方法的不断研究，以及
特定领域自愈计算系统的应用，人们对计算系统自愈内涵的认识也不断深
入，然而，到目前为止，研究人员对计算系统自愈性的评价大多采用的是定
性的方法，这给自愈计算系统进一步的深入研究带来了障碍。

随着人们对计算系统自愈性研究的深入，以及越来越多研究人员尝试设
计与实现自愈计算系统以期解决各自领域遇到的问题，人们迫切需要一种计
算系统自愈性的量化评价方法，从而为自愈计算系统分析与设计提供指导，

为不同设计结果提供评价依据。

2. 不完备模型下的系统诊断与演化方法

对于复杂计算系统，其完备的系统模型通常很难获得，此外，随着系统运行环境的变化，系统模型也可能发生演化。因此，系统不完备模型下的故障诊断问题是自愈计算系统研究中需要解决的一个关键问题。

另外，自愈计算系统在其不完备模型下应该具备演化机制，以使其能够根据系统运行过程中的观测结果不断地自动完善模型，从而为系统后续诊断与修复提供更准确的依据。因此，系统在不完备模型下的演化方法是自愈计算系统研究中需要解决的另一个关键问题。

3. 自愈计算系统体系结构

软件体系结构作为控制软件复杂性、提高软件系统质量、支持软件开发和复用的一种重要手段，近年来日益受到软件研究者和实践者的关注，并发展成为软件工程的一个重要研究领域。自愈计算系统与一般软件系统相比，有着明显的特点，它在要求软件系统完成正常功能需求的同时，更强调系统具备故障自我发现与修复的能力；而传统软件体系结构定义的抽象层次较高，在满足普遍适用的同时，却无法很好地体现自愈计算系统的组成及其之间的交互、系统自愈阶段和过程。

随着越来越多的研究人员和工程技术人员开始设计与实现自愈计算系统，以期解决各自领域遇到的问题，自愈计算系统体系结构描述也变得越来越重要，并成为当前自愈计算系统研究中面临的一个关键问题。

4. 自愈计算系统设计与实现方法

自愈计算系统设计过程中，在分析与设计系统功能层模型的同时，还需要考虑系统自愈层模型（包括监控器、诊断器、控制器与修复器）的分析与设计。随着越来越多自愈层行为的加入，系统自愈层模型与功能层模型的交织也将越来越复杂，这使设计过程很容易陷入反复与混乱。并且，如何对系统设计结果的自愈性或者自愈程度进行评价又将是一个需要解决的困难问题。另外，系统设计结果中功能层模型与自愈层模型的紧密交织将进一步导致系统实现时代码缠绕的问题，妨碍系统的可理解性、可重用性以及可追溯性。因此，在自愈计算系统设计中，如何将自愈层与功能层加以分离，使它们的设计相对独立，从而降低系统整体设计的复杂性，同时保持自愈层与功能层的联系，进而支持不同阶段的模型合并或者代码编织，最终生成具有自愈特征的软件系统，即自愈计算系统设计与实现方法，是当前自愈计算系统研究中需要解决的一个关键问题。

5. 系统自愈方法

在软件测试研究领域，当前软件故障诊断和定位仍然十分困难，故障修复主要还是依赖静态情况下的手工修复。对于自愈系统而言，由于不具备软件测试环境下的测试数据和静态分析条件，因此，故障诊断和定位将更加困难，此外，即使诊断出故障的发生，由于自愈系统期望在不间断运行情况下自行修复，目前手动静态修复方法也并不可行。因此，在故障不可诊断或者定位情况下，如何采取策略，控制故障的进一步恶化，使系统能够不间断提供服务是当前自愈系统研究中所面临的一个关键问题。

1.5　本书主要研究内容

在分析国内外研究现状的基础上，本书针对自愈计算系统研究所面临的关键问题进行了较为深入的探讨，主要内容包括以下几个方面：

1. 计算系统自愈性及其评价方法

离散事件系统方法描述系统的最大优点在于，该方法不需要深入系统内部结构，它是描述难以精确建模的复杂系统的理想方法。根据这一特点，本书研究了采用离散事件系统对复杂计算系统进行统一描述，并使用有限状态自动机对系统模型加以表示的方法。

在应用离散事件系统模型表示计算系统的基础上，本书将自愈性描述为可诊断性与可修复性的结合，研究了计算系统自愈性的形式化描述和定义及其弱化形式。在计算系统自愈性形式化定义基础上，针对实际复杂计算系统很难满足所有故障均为可自愈的情况，进一步研究了计算系统部分自愈性评价指标和评价算法。

2. 不完备模型下的系统诊断与演化方法

针对实际复杂计算系统模型不完备的问题，本书分析了利用传统同步积求解系统诊断存在的问题，在此基础上，通过扩展同步积的概念，提出了有限状态自动机的"广义同步积"和"θ同步积"以及"路径同步度"等概念，并进一步研究了离散事件系统在不完备模型下基于路径同步度的诊断方法。

系统模型的完备性是本书研究的重要基础。在系统模型不完备情况下，系统运行过程中的实际观测事件序列代表了系统演化的方向或者演化片段，观测事件序列中的事件也必然存在于系统演化的真实路径中，因此，系统运行过程中的实际观测事件序列对系统模型的演化具有重要参考价值。根据这一思想，本书研究了一种基于实际观测事件序列完备系统模型的方法，使系统在运行过程中能够根据实际观测事件序列不断向系统真实模型演化。

3. 自愈计算系统体系结构

当前研究人员对自愈计算系统体系结构的研究，大部分是基于特定环境或特定应用（例如，基于网络路由、交通等方面应用）。这使这些体系结构描述适用性不强，具有较大局限性。本书通过分析和类比生物伤口愈合阶段与过程，将自愈计算系统基本结构描述为由功能层与自愈层组成的复合结构，在此基础上，重点研究了自愈层结构的详细描述以及各组成部分的功能与接口，并进一步研究了计算系统在所描述体系结构下的自愈过程。

4. 以故障模型为中心的自愈计算系统设计与实现方法

自愈计算系统是自愈层与功能层交织在一起的复杂系统，功能层与自愈层的交织给本身已经越来越复杂的计算系统设计与实现带来了严峻考验。本书借鉴模型驱动的设计思想，研究了自愈计算系统横向模型驱动的设计方法，尝试从横向上将自愈计算系统的功能层模型与自愈层模型加以划分与隔离，进行分别建模，同时，通过故障模型保持功能层与自愈层之间的联系，以便后续根据需要通过不同层次的模型组合或者代码编织得到系统整体模型或代码。

5. 系统自愈方法

虽然软件缺陷具有类型繁多和分布范围广的特点，从而导致缺陷的发现与定位十分困难，但这些缺陷可能导致的故障对系统的最终影响结果有时却表现出极大的相似性。基于这一思想，本书研究了面向结果的系统自愈方法，尝试根据故障对系统影响的结果构造故障模型，进而根据故障模型不同程度的可诊断性设计面向结果的自愈策略，从而使得系统具备一定自愈性。

＼1.6　本书组织结构

本书内容分 7 章，各章的内容安排如下：

第 1 章，绪论。阐述计算系统自愈技术与方法研究的起源与发展；综述自愈计算系统领域的国内外研究现状，在此基础上，分析并指出了自愈计算系统研究面临的关键问题；最后，概述了本书的主要研究内容以及结构。

第 2 章，计算系统自愈性。研究计算系统离散事件模型的表示方法，在此基础上，提出了计算系统自愈性的形式化定义；针对实际复杂计算系统部分自愈性问题，研究并提出了基于故障模型的计算系统部分自愈性量化评价指标——自愈度和自愈深度。最后，通过实例验证了所提出的部分自愈性评价指标的有效性，并说明了评价指标对自愈计算系统设计的指导意义。

第 3 章，不完备模型下的系统诊断与演化方法。研究基于同步积求解系统诊断的方法在系统模型不完备情况下存在的问题，提出了基于 θ 同步积的系统诊断方法，并通过实例说明了所提出方法在系统模型不完备情况下的有效性；研究系统模型演化问题，提出了一种基于观测事件序列完备系统模型的方法，并通过实例验证了所提出方法的有效性，说明了该方法对于系统故障签名演化的适用性。

第 4 章，自愈计算系统体系结构。研究自愈计算系统体系结构描述问题，通过分析和类比生物伤口愈合阶段与过程，给出自愈计算系统的基本结构与概念模型，并进一步提出了自愈计算系统体系结构的详细定义以及各部分之间的接口；最后，针对所提出的自愈计算系统体系结构，描述了系统自愈过程。

第 5 章，以故障模型为中心的自愈计算系统设计方法。研究自愈计算系统自愈层与功能层交织所带来的设计困难问题，提出了一种以故障模型为中心的自愈计算系统横向模型驱动的设计思想，并给出了系统设计与实现方法。随后，通过一个实例的设计与实现验证了所提出设计思想与方法的有效性。

第 6 章，一种面向结果的自愈方法。研究复杂计算系统故障诊断、定位以及修复的问题，提出了一种面向结果的自愈计算系统设计思想，在所提出思想的指导下，针对程序内存泄漏问题进行分析与讨论，设计并实现了针对该问题的面向结果的自愈方法；最后，通过实验证实了所设计与实现的自愈方法的有效性。

第 7 章，总结与展望。总结本书的主要工作，并对后续研究进行展望。

第 2 章

计算系统自愈性

首先，在总结当前研究成果基础上，给出计算系统自愈性的定义；其次，采用离散事件系统模型对复杂计算系统进行了统一描述，在此基础上，提出了计算系统自愈性的形式化定义及其弱化形式；再次，针对复杂计算系统部分自愈性问题，提出了基于故障模型的计算系统部分自愈性评价指标——自愈度和自愈深度，并给出了根据系统设计结果求解自愈度和自愈深度的算法；最后，通过实例分析验证了所提出的部分自愈性评价指标的有效性，并讨论了故障模型对系统自愈性的影响，说明了所提出的自愈性评价指标对自愈系统设计的指导意义。

2.1 计算系统自愈性定义

随着越来越多的研究人员以及工程技术人员加入自愈计算系统设计与应用行列，如何对计算系统的自愈性进行评价，从而为自愈计算系统设计提供指导和依据，已成为阻碍当前自愈计算系统发展的关键问题之一。

到目前为止，研究人员对计算系统自愈性并没有形成明确而一致的认识。根据十余年来自愈计算系统领域的相关研究文献，我们可以将目前研究人员对计算系统自愈性的认识总结如下：

（1）自愈性表示计算系统察觉异常状态，并自动响应以致恢复到正常状态的能力。

（2）自愈过程从整体上可以分为故障诊断与故障修复两个阶段，自愈性表示了计算系统故障诊断与故障修复两个方面的能力。

（3）计算系统自愈性是相对的，应该与故障模型相关。

（4）计算系统自愈过程应该在不间断运行情况下进行，即计算系统的连续可用是自愈性的重要目标。

以上针对计算系统自愈性的概念描述仅仅是零散的描述片段，通过归纳与总结这些描述片段，我们将计算系统自愈性定义如下：

定义 2.1（计算系统自愈性）：计算系统自愈性用来表征计算系统在不间断运行情况下自动诊断并修复故障，从而避免系统失效，提高系统连续可用的能力。

定义 2.1（计算系统自愈性）给出的计算系统自愈性定义是一个较高层次的抽象定义，它仅给出了计算系统自愈的目的、预期结果以及诊断与修复两个主要阶段，并没有对具体自愈过程、自愈过程中的系统状态变化以及自愈方法进行描述和限定，而将这些留待具体自愈计算系统设计过程中实现。因此，该定义在不同研究领域具有通用性和统一性，而这种通用性与统一性又决定了该定义只是从宏观上对计算系统自愈性的定性描述，并不能作为计算系统自愈性评价与分析的依据。

在定义 2.1（计算系统自愈性）基础上，本章将进一步采用离散事件系统模型的方法对计算系统进行统一描述，并尝试以故障模型作为计算系统自愈性量化评价的参照基础，从而解决当前计算系统自愈性量化评价与分析困难的问题，在此基础上，进一步给出计算系统自愈性的形式化定义和量化评价方法。

2.2 计算系统的离散事件系统模型

离散事件系统（Discrete – Event Systems，DESs）[114] 在工程技术、经济、军事、社会等领域是一种常见的系统描述方法。离散事件系统的状态在不均匀的离散时刻由于某些事件触发而发生变换，并且在一般情况下，状态变换的内部机制比较复杂，因而往往无法用常规的数学方法来描述。

使用离散事件系统模型的方法对系统描述时，系统被看作一个黑盒子，系统状态表示了系统所有正常和故障的情况，而导致系统状态发生变化的事件集合构成了系统的输入，其中包含了导致系统故障的事件集合。使用离散事件系统模型的方法描述系统的最大优点在于，该方法不需要深入系统内部结构，所以，它是描述难以精确建模的复杂系统的理想方法。大部分系统在特定情况下都可以使用离散事件系统加以描述，甚至连续变化系统在高层抽象上也经常被看作离散事件系统[115]。因此，本书尝试将所研究的复杂计算系统采用离散事件系统模型的方法加以描述。

对于离散事件系统模型的描述，一般可以使用有限状态自动机（Finite – State Machines，FSMs）、进程代数（Process Algebra）以及 Petri 网等方法。本书采用有限状态自动机的方法对复杂计算系统的离散事件系统模型加以描述。

假设计算系统由 N 个单元构成，各个单元的粒度可以是组件、部件或子系统等构成计算系统的逻辑单位，下文统称为计算单元。我们将构成计算系统的每个计算单元均描述为基于离散事件系统的有限状态自动机模型，设第 i 个计算单元的 FSM 模型为 G_i，则 G_i 可以用四元组描述为：

$$G_i = (X_i, \sum_i, \delta_i, x_{0i})$$

其中，X_i 表示计算单元的有限状态空间；$\sum_i$ 表示有限事件集合；δ_i 为状态转移函数，x_{0i} 为 G_i 初始状态。

对计算系统 N 个计算单元的 FSM 模型 $G_i(i = 1,2,\cdots,n)$ 进行同步组合[116]，可以得到计算系统的整体 FSM 模型：

$$G = (X, \ \Sigma, \ \delta, \ x_0)$$

其中，$x_0 = (x_{01}, x_{02}, \cdots, x_{0n})$；$X \subseteq \prod\limits_{i=1}^{n} X_i$；$\Sigma = \bigcup\limits_{i=1}^{n} \Sigma_i$；$\delta$ 定义如下：

$$\delta(\sigma, (x_1, x_2, \cdots, x_n)) = (x'_1, x'_2, \cdots, x'_n)$$

$$x'_i = \begin{cases} \delta_i(\sigma, x_i), & \sigma \in e_i(x_i) \\ x_i, & \sigma \notin e_i(x_i) \end{cases}$$

$e_i(x_i)$ 表示模型 G_i 在状态 x_i 下的活动事件集合；σ 表示模型 G 下事件集 Σ 中的某一具体事件。

计算系统使用有限状态自动机模型 G 表示之后，其行为可以用由 G 产生的前缀闭包语言 $L(G)$ 进行表示。为讨论方便，本书下面使用 L 表示 $L(G)$，$L \subseteq \Sigma^*$，Σ^* 表示事件集 Σ 的克林（Kleene）闭包。

事件集 Σ 在实际情况下可以划分为可观测事件与不可观测事件两个子集，即 $\Sigma = \Sigma_o \cup \Sigma_{uo}$，其中，$\Sigma_o$ 表示可观测事件集合，代表那些对计算系统既定事件输入或者根据系统既定状态观测可以确定发生的事件；Σ_{uo} 表示不可观测事件集合，代表那些导致系统状态发生变化，但是无法根据系统既定状态观测确定的事件。根据实际计算系统特点，需要对以上 FSM 模型作以下两个限定：

限定 1，由模型 G 产生的语言 L 为活语言，表示模型 G 在状态空间 X 中的任一状态 x 下均有转移定义，即：

$$\forall x \in X, \exists \delta(\sigma, x) = x'$$

限定 2，模型 G 中不存在由不可观测事件组成的循环，即：

$$\exists n \in N, \ \forall pst \in L, s \in \Sigma_{uo}^* \Rightarrow \|s\| \leqslant n$$

其中，$p, t \in \Sigma^*$、Σ_{uo}^* 表示不可观测事件集的克林（Kleene）闭包；$\|s\|$ 表示路径 s 的长度，即路径 s 中发生事件的个数。

限定 1 保证系统不可能到达任何事件都不可能发生的状态，即系统不接受任何输入；限定 2 保证在系统状态转移的有限长路径中必定有可观测事件发生，即系统不能没有任何输出。

　　在计算系统的有限状态自动机模型描述下，根据定义 2.1（计算系统自愈性），我们可以进一步将计算系统自愈性描述为可诊断性和可修复性的结合。可诊断性表示系统根据可观测事件诊断导致系统发生故障的事件（一般为不可观测事件）的能力；可修复性表示计算系统通过执行修复计划，在不间断运行情况下对诊断出的故障事件进行修复的能力。

2.3　基于离散事件模型的计算系统自愈性

　　在理想情况下，如果计算系统能够在运行过程中诊断出所有可能的故障，并且针对每个故障均存在相应的修复计划，以使系统在不间断运行情况下能够恢复到正常状态，那么系统必然是具备自愈性的。但这一要求显然过于苛刻，即使对于表现出惊人自愈能力的自然界生物系统，仍然无法达到这样的要求，以致很多疾病或者伤害仍然无法自愈。因此，计算系统自愈性应该是一个相对的属性，它应该相对于特定的故障模型，或者说在特定的故障模型下讨论计算系统的自愈性更具有实际意义。

　　文献[33,117]在总结自愈计算系统相关研究基础上，将故障模型列为自愈计算系统研究中的重要内容，并提出了描述故障的几个基本方面，但并没有进一步研究故障模型的表示方法以及构造过程，也没有进一步讨论如何在故障模型基础上进一步评价计算系统自愈性。本书同样认为故障模型是自愈计算系统研究中的重要内容，并且将故障模型看作是计算系统自愈性评价的基础。

　　本章下面将从集合角度描述故障，研究故障集合不同划分对计算系统自愈性的影响，然后进一步研究一种基于树状故障模型的计算系统自愈性的量化评价方法。需要说明的是，在本章的研究中，仅将故障看作是离散事件模型中的独立事件，不考虑故障之间的序列关系、故障组合以及传播情况。

2.3.1 基本故障

定义 2.2（基本故障）：基本故障表示使计算系统状态发生变化，并导致系统进入异常状态的最小单位事件，记为 f。计算系统所有可能的基本故障构成了系统基本故障集合，记为 $\sum_f$，即：

$$\sum_f = \{f_1, f_2, \cdots, f_n\}$$

为讨论方便，我们对集合 $\sum_f$ 进行扩充，增加元素 $norm$，用以表示不会导致系统异常的单位事件，即非故障事件，则：

$$\sum_f = \{f_1, f_2, \cdots, f_n, norm\}$$

在后面的讨论中，可以把 $norm$ 作为一个基本故障 f_i 考虑。

在计算系统的离散事件系统模型中，$\sum_f \subseteq \sum$，为不失一般性，设 $\sum_f \subseteq \sum_{uo}$。对于 $\sum_f \subseteq \sum_o$ 情况，则基本故障为直接可观测事件，可以看作一种特殊情况，在后面讨论中同样适用。

定义 2.3（故障事件）：故障事件表示所有可能使计算系统状态发生变化，并导致系统异常状态的事件或者事件序列，记为 f^*，故障事件集合标记为 $\sum_{f*}$，根据定义，$\sum_{f*} \subseteq \sum^*$。

由于本书暂不讨论故障序列，所以在此把导致系统异常的事件序列看作一个新的基本故障事件。这样，在基于离散事件模型的计算系统中，所有导致系统异常的事件均为基本故障。

定义 2.4（宏故障）：在计算系统基本故障事件集合 $\sum_f$ 中，根据故障的属性或者类型不同（基于不同的划分方法），可以得到 m 个两两不相交的基本故障事件集合，记为 $\sum_F$（$\sum_F \subseteq 2^{\sum_f}$），其中，每个基本故障事件集合称为一个宏故障，记为 $F_j(j = 1, 2, \cdots, m)$。根据定义有：

$$F_j \in \sum_F, \ F_j \neq \phi$$

$$\forall F_i, \ F_j \in \sum_F$$

$$F_i \cap F_j \neq \phi \Rightarrow i = j$$

一个宏故障也可能仅包含一个基本故障，例如，$F_\beta = \{f_\lambda\}$，因此，基本故障也可以看作特殊的宏故障。本书后面在不引起歧义情况下将宏故障简称为故障。

定义 2.5（基本故障的覆盖集）：设计算系统宏故障集合 $\Sigma_F = \{F_1, F_2, \cdots, F_m\}$，当且仅当 $\forall f_i \in \Sigma_f$，$\exists F_j \in \Sigma_F$ 使 $f_i \in F_j$ 时，称 Σ_F 为 Σ_f 的覆盖集，记为 $\Sigma_F \in C(\Sigma_f)$。根据定义，若 Σ_F 为 Σ_f 的覆盖集，则：

$$\Sigma_f = F_1 \cup F_2 \cup \cdots \cup F_m$$

基于离散事件系统模型的计算系统故障模型应该满足的基本条件为：

$$\Sigma_F \in C(\Sigma_f)$$

在满足该基本条件的情况下，故障模型的表示结构与构造，可以采用多种不同方法，通过这些不同方法得到的不同构造结果仍然有可能对计算系统自愈性造成不同影响，本章将在后面关于计算系统部分自愈性小节中继续讨论这一问题。

2.3.2　可诊断性

M. Sampath 等人于 1995 年最早提出了离散事件系统的可诊断性定义，在系统所有行为均为已知条件下（系统具备完备的离散事件系统模型），讨论了系统的可诊断性判定与诊断方法[118]。他们在系统可诊断性的讨论中，仅讨论了系统是否满足所有故障均为可诊断的条件，即完全可诊断的情况。同时，他们所提出的系统诊断方法需要构建系统全局诊断器（也为一个自动机），而系统全局诊断器构造的算法空间复杂度与系统全局状态数量呈指数级增长，对于以组件为单位的计算系统，则与系统组件数量呈双指数级增长。

对于复杂计算系统而言，在一般情况下很难满足所有故障均为可诊断的条件，此外，通过构造全局诊断器的诊断方法由于算法复杂度的原因也很难实际应用。因此，本章首先根据 M. Sampath 等人的思想给出计算系统在 FSM 模型下的可诊断性定义及其判定，并在此基础上进一步讨论计算系统的弱可诊断性以及部分可诊断性问题。

设计算系统的 FSM 模型为 G，L 表示 G 的前缀闭包语言，为后面讨论方便，下面首先定义一些符号和标记：

（1）ε：语言 L 中不包含任何事件的空路径。

（2）L/s：路径 s 在 L 中的后置语言，定义为 $L/s = \{t \mid t \in \sum^*, st \in L\}$。

（3）$P(s)$：表示路径 s 的投影，$P(s)$ 的定义如下：

① $P(\varepsilon) = \varepsilon$；

②若 $\sigma \in \sum_o$，则 $P(\sigma) = \sigma$；

③若 $\sigma \in \sum_{uo}$，则 $P(\sigma) = \varepsilon$；

④对于任意 $s \in \sum^*$，$\sigma \in \sum$，$P(s\sigma) = P(s)P(\sigma)$。

根据以上定义可以看出，路径 s 的投影操作 $P(s)$ 的作用是消除路径 s 中的不可观测事件。

（4）P_L^{-1}：投影操作在语言 L 下的逆操作，定义为 $P_L^{-1}(t) = \{s \mid s \in L, P(s) = t\}$。

（5）$\Psi(F_i)$：表示语言 L 中以 F_i 中某个事件为结尾的所有路径的集合，定义为 $\Psi(F_i) = \{sf \in L \mid f \in F_i\}$。

定义 2.6（故障路径）：故障路径表示在语言 L 中出现故障 F_i 的任意一条可能的路径，记作 $t_L(F_i)$，F_i 的所有可能路径构成了该故障的路径集合，记作 $T_L(F_i)$。

根据定义有：

$$T_L(F_i) = \{t_L(F_i)\} = \{st \in L \mid s \in \Psi(F_i), t \in L/s\}$$

定义 2.7（故障签名）：故障签名表示故障 F_i 在语言 L 中任意一条路径的投影，记作 $s_L(F_i)$，故障 F_i 在语言 L 中所有签名的集合记作 $S_L(F_i)$。

根据定义有：

$$s_L(F_i) = P(t_L(F_i)), \quad S_L(F_i) = \{s_L(F_i)\} = \{P(t) \mid t \in T_L(F_i)\}$$

定义 2.8（故障特征签名）：假设 $s_L(F_i) \in S_L(F_i)$ 表示故障 F_i 在语言 L 中的任一签名，若该签名 $s_L(F_i)$ 在语言 L 下的所有逆中均出现 F_i，则签名 $s_L(F_i)$ 称为故障 F_i 在语言 L 下的特征签名，记作 $s_L^c(F_i)$，故障 F_i 在语言 L 下的特征签名集合标记为 $S_L^c(F_i)$。

根据定义有：

$$S_L^c(F_i) = \{s_L(F_i) \mid s_L(F_i) \in S_L(F_i) \wedge \forall t \in s_L^{-1}(F_i) \Rightarrow F_i \in t\}$$

其中，$F_i \in t$ 表示 $\exists f \in F_i \Rightarrow f \in t$。

故障特征签名表示在语言 L 中能够确定某故障 F_i 发生的特殊签名。

定义 2.9（故障特征值）：假设 $s_L^c(F_i)$ 为故障 F_i 在语言 L 下的任一特征签名，$s_L^c(F_i) \in S_L^c(F_i)$，$C$ 为该特征签名中的任一事件或事件序列，$C \subseteq s_L^c(F_i)$，对于语言 L 中任一路径 t，若 $C \subseteq t$ 的必要条件为 t 是故障 F_i 的特征签名，即 $C \subseteq t \rightarrow t \in S_L^c(F_i)$，则称 C 为故障 F_i 的特征值。

由定义 2.9 可知，故障特征值是故障特征签名的事件子序列，但特征值在语言 L 中同样能够确定某故障 F_i 的发生，特征值对于安全关键系统的故障诊断具有重要作用。

定义 2.10（故障可诊断性）：假设计算系统 FSM 模型 G 中，故障模型为 M_F（暂时不给出故障模型的结构），M_F 为计算系统基本故障集合 Σ_f 的覆盖集，对于 M_F 中任一故障 F_i，若该故障的所有签名均为特征签名，则该故障 F_i 在计算系统 FSM 模型 G 下具有可诊断性，或者说故障 F_i 在计算系统 FSM 模型 G 下是可诊断的，标记为 $D(F_i)$。

故障特征签名集合反映了故障在计算系统 FSM 模型 G 中出现的路径标识，不同故障的特征签名集合之间有时可能存在一定的关系，这种关系隐含反映了故障之间的依赖关系。

定理 2.1（故障依赖定理）：假设计算系统 FSM 模型 G 中，其故障模型为 M_F（暂时不给出故障模型的结构），M_F 为计算系统基本故障集合 Σ_f 的覆盖集，对于 M_F 中任意两个故障 F_i 和 F_j，若 F_i 和 F_j 在 FSM 模型 G 下均为可诊断的，那么，如果故障 F_i 的特征签名集合包含故障 F_j 的特征签名集合，即 $S_L^c(F_i) \supseteq S_L^c(F_j)$，则故障 F_j 的出现依赖于故障 F_i，即当系统发生故障 F_j 时必定发生了故障 F_i。如果 F_i 和 F_j 的特征签名集合相互包含（或等价），则故障 F_i 和 F_j 在 FSM 模型 G 中的出现具有相互依赖性，即它们在计算系统 FSM 模型 G 中必定同时出现。

证明：

（1）给定故障 F_i 和 F_j 为系统中的任意两个可诊断故障，并且满足条件 $S_L^c(F_i) \supseteq S_L^c(F_j)$。

（2）假设系统中发生了故障 F_j，由于 F_j 具有可诊断性，根据定义 2.10 可知，系统必然出现了 F_j 的某个特征签名 $s_i \in S_L^c(F_j)$。

（3）由于 $S_L^c(F_i) \supseteq S_L^c(F_j)$，所以 $s_i \in S_L^c(F_i)$，即故障 F_i 的特征签名之一出现，因此，系统必定发生了故障 F_i，即故障 F_j 的出现依赖于故障 F_i。

（4）对于 F_i 和 F_j 的特征签名集合相互包含（或等价）情况，同理可证 F_i 和 F_j 具有相互依赖性。

证毕。

根据以上表示与定义，可以对计算系统的 FSM 模型 G 下的可诊断性作如下定义：

定义 2.11（计算系统可诊断性）：假设计算系统 FSM 模型为 G，其故障模型为 M_F（暂时不给出故障模型的结构），M_F 为计算系统基本故障集合 Σ_f 的覆盖集，若 M_F 中任一故障 F_i 的所有签名在计算系统 FSM 模型 G 的语言 L 中均为特征签名，则计算系统的 FSM 模型 G 在故障模型 M_F 下具有可诊断性，或者说计算系统的 FSM 模型 G 在故障模型 M_F 下是可诊断的，标记为 $D_{M_F}(G)$。

根据定义有：

$$M_F \in C(\Sigma_f), \forall F_i \in M_F \Rightarrow C \equiv D_{M_F}(G)$$

其中，可诊断条件 C 为 $\forall s_L(F_i) \in S_L(F_i) \Rightarrow s_L(F_i) \in S_L^c(F_i)$。

定义 2.11（计算系统可诊断性）要求故障模型 M_F 中任一故障的所有签名均为特征签名，这一要求是十分严格的，尤其对于计算系统故障模型 M_F 中所有故障均为基本故障的情况（即不对计算系统基本故障作任何划分）来说，这一要求有些苛刻。定义 2.11（计算系统可诊断性）所给出的计算系统可诊断性条件是针对特定故障模型 M_F 的必然的、完全的可诊断条件，我们也把满足这一条件的计算系统称作在故障模型 M_F 下具备强可诊断性，或者在故障模型 M_F 下是强可诊断的。下面通过一个例子说明计算系统可诊断性的判定。

假设一个计算系统 FSM 模型 G 如图 2-1 所示，其中，f_1, f_2, f_3, f_4 为基本故障事件；$o_1, o_2, \cdots, o_9$ 为可观测事件。

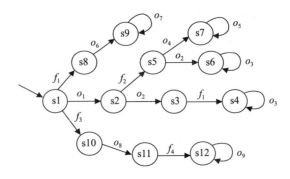

图 2 - 1　计算系统 FSM 模型图

根据图 2 - 1 可知，在不对系统基本故障作任何划分情况下，系统中各基本故障的签名集合如下：

$$S_L(f_1) = \{ < o_1 o_2 o_3 \sim > , < o_6 o_7 \sim > \}$$

$$S_L(f_2) = \{ < o_1 o_2 o_3 \sim > , < o_1 o_4 o_5 \sim > \}$$

$$S_L(f_3) = S_L(f_4) = \{ < o_8 o_9 \sim > \}$$

对于 f_1 具有的两个签名 $< o_1 o_2 o_3 \sim >$ 和 $< o_6 o_7 \sim >$，其中的签名 $< o_6 o_7 \sim >$ 为其特征签名；对于 f_2 具有的两个签名 $< o_1 o_2 o_3 \sim >$ 和 $< o_1 o_4 o_5 \sim >$，其中的签名 $< o_1 o_4 o_5 \sim >$ 为其特征签名；对于 f_3 和 f_4，它们具有相同的唯一签名 $< o_8 o_9 \sim >$，且该签名为它们的特征签名，根据定理 2.1（故障依赖定理）可知，f_3 和 f_4 在计算系统的 FSM 模型 G 中的出现具有相互依赖性，即必定同时出现。

计算系统可诊断性要求故障模型中所有故障的所有签名均为特征签名，显然，在不对基本故障集合作任何划分的情况下，系统是不具备可诊断性的，因为签名 $< o_1 o_2 o_3 \sim >$ 同属于基本故障 f_1 和 f_2 的签名集合，但它既不是 f_1 的特征签名，也不是 f_2 的特征签名。

图 2 - 1 通过一个简单的例子说明了计算系统可诊断性判定方法，以及故障的相互依赖性问题。对于一个实际的复杂计算系统，尤其在不对系统基本故障作任何划分情况下，很难满足定义 2.11（计算系统可诊断性）的强可诊断性条件，因此，我们可以适当放宽这一要求，从而让系统在某些条件下具备可诊断性，由此可以引出计算系统的两种弱可诊断性定义。

定义 2.12（计算系统偶然可诊断性）：假设计算系统 FSM 模型为 G，其故障模型为 M_F（暂时不给出故障模型的结构），M_F 为计算系统基本故障集合 Σ_f 的覆盖集，若 M_F 中任一故障 F_i 在计算系统 FSM 模型 G 的语言 L 中至少存在一个特征签名，则计算系统 FSM 模型 G 在故障模型 M_F 下具有偶然可诊断性，或者说计算系统 FSM 模型 G 在故障模型 M_F 下是偶然可诊断的，标记为 $D_{M_F}^*(G)$。

根据定义有：

$$M_F \in C(\Sigma_f), \forall F_i \in M_F \Rightarrow C \equiv D_{M_F}^*(G)$$

其中，可诊断条件 C 为 $\exists s_L(F_i) \in S_L(F_i) \Rightarrow s_L(F_i) \in S_L^c(F_i)$。

计算系统偶然可诊断性与强可诊断性的唯一区别在于，偶然可诊断性定义将强可诊断性定义中的可诊断条件由全称量词变为了存在量词，从而使可诊断约束条件变弱。

下面仍然以图 2 – 1 所示的计算系统 FSM 模型的例子说明偶然可诊断性与强可诊断性的区别。

对于图 2 – 1 所描述的计算系统 FSM 模型，通过前面分析可知，基本故障 f_1 和 f_2 签名集合中存在共同签名 $<o_1 o_2 o_3 \sim >$，但该签名既不是 f_1 的特征签名，也不是 f_2 的特征签名，从而导致计算系统不具备可诊断性，但 f_1 签名集合中除签名 $<o_1 o_2 o_3 \sim >$ 外，还存在特征签名 $<o_6 o_7 \sim >$，同样，f_2 签名集合中也存在特征签名 $<o_1 o_4 o_5 \sim >$，f_3 和 f_4 存在共同的特征签名 $<o_8 o_9 \sim >$。由此可知，计算系统所有基本故障均存在特征签名，因此，计算系统具备偶然可诊断性。

计算系统偶然可诊断性的含义是，对于具备偶然可诊断性的系统，通过任一故障的特征签名可以在特定情况下诊断到该故障的发生，但任一故障的特征签名出现只是该故障发生的充分非必要条件。

计算系统偶然可诊断性定义通过放松可诊断约束，从而降低了复杂计算系统的设计约束，然而，可诊断条件的放松使故障诊断失去了必然性。在实际计算系统中，人们更希望故障发生后能够在最短时间内被诊断出，以便及时采取相应措施。

例如，假设计算系统中存在三个单元 A、B 和 C，它们之间完成消息传递的功能，单元 A 向单元 B 发送消息 m，单元 B 收到消息 m 之后将该消息传递给单元 C，在正常情况下，消息接收方收到消息之后会发送响应消息。如果单元 B 处于故障状态或者单元 B 从来不向单元 C 发送消息，那么单元 C 发生故障的事件显然是不具备可诊断性，但是单元 C 发生故障的事件能够满足偶然可诊断性条件，因为它存在一个特征签名（存在于包含单元 B 向单元 C 发送消息事件的路径集合中）。

这种偶然可诊断性使系统诊断到单元 C 发生故障的时机不确定，容易导致系统存在安全隐患，对于一些安全关键的计算系统来说，甚至可能造成重大事故。例如，如果单元 C 在负责接收单元 B 数据的同时还承担控制单元 A 发送速率的工作，那么在单元 C 出现故障而没有被及时诊断的情况下将对系统造成重大影响。

通过仔细分析可以发现，这类偶然可诊断性故障事件有一个特点，就是在故障发生后，如果系统中发生了与该故障相关的特定事件，则该故障事件的发生必然可以诊断。例如，在上面的例子中，如果在单元 C 出现故障之后，系统中发生了单元 B 向单元 C 发送消息的事件，那么单元 C 出现故障事件必然可以诊断，我们将这类可诊断性称作触发可诊断性，下面给出触发可诊断性的准确定义。

首先，为故障模型 M_F 中每个故障指定一个或者多个触发事件（不考虑触发事件序列），设 $\sum_I$ 表示所有触发事件集合，$\sum_I \subseteq \sum_o$，$I(F_i)$ 表示故障 F_i 的触发事件集合，I_F 表示故障事件集合到触发事件集合的映射，$I_F: \sum_F \to 2^{\sum_I}$，并约定：

$$f_1, f_2 \in F_i \Rightarrow I(f_1) = I(f_2)$$

$$I(F_i) \subseteq \bigcup_{j=1}^{n} I(f_j), f_j \in F_i$$

定义 2.13（故障触发签名）：故障 F_i 触发签名表示在语言 L 中任意一条在故障 F_i 发生后，发生其触发事件集合 $I(F_i)$ 中任一触发事件的路径的投影，记作 $s_L^T(F_i)$，故障 F_i 的所有触发签名构成了故障 F_i 的触发签名集合 $S_L^T(F_i)$。

根据定义有：

$$S_L^T(F_i) = \{s_L^T(F_i)\} = \{P(t) \mid t \in T_L(I(F_i))\}$$

其中，$T_L(I(F_i)) = \{t_L(I(F_i))\} = \{st_1t_2 \in L \mid s \in \Psi(F_i), t_1 \in \Psi(I(F_i))\}$。

定义 2.14（故障特征触发签名）：假设 $s_L^T(F_i) \in S_L^T(F_i)$ 表示故障 F_i 在语言 L 中的任一触发签名，若该触发签名 $s_L^T(F_i)$ 在语言 L 下的所有逆均出现 F_i，则触发签名 $s_L^T(F_i)$ 称为故障 F_i 在语言 L 下的特征触发签名，记作 $s_L^{CT}(F_i)$，故障 F_i 在语言 L 下的特征触发签名集合标记为 $S_L^{CT}(F_i)$。

根据定义有：

$$S_L^{CT}(F_i) = \{s_L^T(F_i) \mid s_L^T(F_i) \in S_L^T(F_i) \wedge \forall t \in s_L^{T-1}(F_i) \Rightarrow F_i \in t\}$$

其中，$F_i \in t$ 表示 $\exists f \in F_i \Rightarrow f \in t$。

故障特征触发签名表示在语言 L 中能够确定某故障 F_i 发生的特殊触发签名。

定义 2.15（计算系统触发可诊断性）：假设计算系统 FSM 模型为 G，故障模型为 M_F（暂时不给出故障模型的结构），M_F 为计算系统基本故障集合 Σ_f 的覆盖集，若 M_F 中任一故障 F_i 的所有签名在计算系统 FSM 模型 G 的语言 L 中均为特征触发签名，则计算系统 FSM 模型 G 在故障模型 M_F 下具有触发可诊断性，或者说计算系统 FSM 模型 G 在故障模型 M_F 下是触发可诊断的，标记为 $D_{M_F}^T(G)$。

根据定义有：

$$M_F \in C \ (\Sigma_f), \ \forall F_i \in M_F \Rightarrow C \equiv D_{M_F}^T \ (G)$$

其中，可诊断条件 C 为：$\forall s_L^T(F_i) \in S_L^T(F_i) \Rightarrow s_L^T(F_i) \in S_L^{CT}(F_i)$。

对于上面讨论的消息传递计算系统，假设其系统局部状态转换如图 2-2 所示。其中，f_1 表示单元 C 发生故障；f_2 表示单元 B 发生故障；o_1, …, o_6 为可观测事件，o_1 表示单元 A 通过单元 B 向单元 C 发送消息，o_2 表示单元 B 向单元 C 发送消息，o_3 表示单元 A 等待单元 C 的确认消息，o_4 表示单元 A 收到单元 C 的确认消息，o_5 表示单元 A 向单元 B 发送消息，o_6 表示单元 A 等待单元 B 的确认消息。

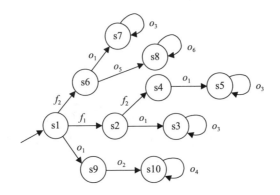

图 2 - 2　消息传递计算系统 FSM 模型局部状态转换图

根据前面的讨论，由于单元 C 发生故障的事件 f_1 不存在特征签名，所以系统不满足可诊断性的条件，也不满足偶然可诊断性的条件。但如果指定系统中故障的触发事件集为 $I(f_1) = \{o_2\}$，$I(f_2) = \{o_5\}$，即故障 f_1（单元 C 发生故障）的触发事件为单元 B 向单元 C 发送消息，故障 f_2（单元 B 发生故障）的触发事件为单元 A 向单元 B 发送消息，则该系统是触发可诊断的，因为在故障 f_2 发生之后如果发生了 o_5 事件，则 f_2 必然可诊断。

需要说明的是，根据图 2 - 2 的状态转换图无法诊断故障 f_1 的发生，这是因为故障 f_1 之后并没有发生其触发事件集中的任一触发事件，这并不违反触发可诊断性的条件。这也隐含说明，若在系统发生故障 f_1 之后发生了其触发事件 o_2，则故障 f_1 有可能变为可诊断。

触发可诊断性与偶然可诊断性的区别在于，偶然可诊断性仅仅说明了故障存在特征签名，而触发可诊断性进一步指明了故障特征签名中的关键事件，使故障在特定事件发生后的诊断具有必然性。

触发可诊断性的意义在于，对于系统中的一部分故障，虽然不具备可诊断性，但它们能够在某些特定事件发生后变为可诊断。对于系统设计，可以在某些关键任务执行之前执行触发事件，从而使该类故障可诊断，在确定该类故障是否发生之后再继续执行关键任务；对于系统诊断，该类故障的触发事件可以为诊断器利用，作为系统激励，从而在特定场景下诊断到该类故障的发生。

尽管计算系统两种弱可诊断性定义的要求较强可诊断性有所放松，但复杂计算系统仍然难以完全满足这些约束条件，在大部分情况下只能够使故障模型 M_F 中的部分故障满足可诊断（或者弱可诊断）的条件，本章将在后面计算系统部分自愈性一节中继续讨论系统部分可诊断性的问题。

2.3.3 可修复性

计算系统修复，特别是在线修复一直是个困难的问题，当前研究人员从不同角度对软件系统的修复技术以及修复策略进行了研究，但由于不同系统的特点不同，可能采用的修复技术与策略也不同，所以，目前对修复技术和修复策略并没有形成统一的认识和定义。本节仅仅讨论系统的可修复性，而不讨论修复技术和策略，因此，在不讨论修复语义的情况下，给出修复计划的定义，在此基础上进一步给出系统的可修复性定义。

仍然基于离散事件系统模型，将计算系统的所有修复行为看作是由一个个相互独立的基本修复动作组成，这些基本修复动作构成了计算系统的最小修复动作单位，它们也可以看作是离散事件系统中的基本事件。

定义 2.16（修复计划）：假设计算系统基本修复动作的集合为 $\sum_A$，则 $\sum_A$ 中基本修复动作构成的序列称为修复计划，用 r 表示，系统所有修复计划的集合标记为 $\sum_r$，$\sum_r \subseteq \sum_A^*$。

计算系统在不同状态下执行不同修复计划将产生不同目标效应，记作 $g_r(X_i) \in X$。

计算系统中的修复计划与故障是存在内在联系的，系统在某种故障发生状态下执行某个修复计划，有可能使系统恢复到正常状态。系统正常状态并不是一个准确概念，正常状态的判定也是一个不确定问题，但我们可以从系统正常状态中划分出一个子集，称为可诊断的正常状态。

定义 2.17（计算系统可诊断的正常状态）：若计算系统处于状态 X_k 下，经过先验事件序列，能够观测到先验状态值，则 X_k 为系统可诊断的正常状态。

在计算系统可诊断正常状态定义的基础上，修复计划和故障之间的关系可以用修复断言加以表示。

定义 2.18（修复断言）：若计算系统处于出现基本故障 f_i 的状态 X_{f_i} 下，修复计划 r_k 执行后能够使系统处于可诊断的正常状态，则称 r_k 能够修复基本故障 f_i，记作 $p < r_k, f_i >$。

根据定义有：

$$g_{r_k}(X_{f_i}) \in X_k \equiv p < r_k, f_i >$$

修复断言同样可以应用于宏故障，宏故障的修复断言表示修复宏故障中的所有故障，即：

$$p < r_k, F_j > \equiv \forall f_i \in F_j \Rightarrow p < r_k, f_i >$$

定义 2.19（故障可修复性）：对于给定系统故障 F_i，若系统中存在修复计划 r_k，能够使修复断言 $p < r_k, F_i >$ 成立，则称该故障 F_i 是可修复的，或者故障 F_i 具有可修复性，记作 $R(F_i)$。

根据定义有：

$$R(F_i) \equiv \exists r_k \Rightarrow p < r_k, F_i >$$

根据修复断言 $p < r_k, F_j > \equiv \forall f_i \in F_j \Rightarrow p < r_k, f_i >$，若宏故障 F_j 是可修复的，则宏故障中所有基本故障均为可修复的，或者说故障可修复性具有分解性质，即：

$$R(\{f_1, f_2\}) \Rightarrow R(f_1) \wedge R(f_2)$$

定义 2.20（计算系统可修复性）：假设计算系统 FSM 模型为 G，其故障模型为 M_F（暂时不给出故障模型的结构），M_F 为计算系统基本故障集合 Σ_f 的覆盖集，若 M_F 中任一故障 F_i 均为可修复的，标记为 $R(M_F)$，则称计算系统 FSM 模型 G 在 M_F 下具有可修复性，标记为 $R_{M_F}(G)$。

根据定义有：

$$M_F \in C(\Sigma_f) \Rightarrow R(M_F) \equiv R_{M_F}(G)$$

定义 2.20（计算系统可修复性）要求故障模型 M_F 中所有故障 F_i 均为可修复，我们也把满足这一要求的计算系统称作在故障模型 M_F 下是完全可修复的。在一般情况下，复杂计算系统在运行时很难满足完全可修复的条件，而只能使故障模型 M_F 中的部分故障可修复，即部分可修复情况，本章将在后面继续讨论部分可修复性问题。

2.3.4 自愈性

在计算系统可诊断性与可修复性的讨论以及定义基础上，根据定义 2.1（计算系统自愈性），将计算系统自愈性看作可诊断性与可修复性的结合，可以对计算系统自愈性作进一步定义。

定义 2.21（计算系统自愈性）：假设计算系统 FSM 模型为 G，其故障模型为 M_F（暂时不给出故障模型的结构），M_F 为计算系统基本故障集合 Σ_f 的覆盖集，若计算系统 FSM 模型 G 在 M_F 下具有可诊断性和可修复性，则称计算系统 FSM 模型 G 在 M_F 下具有自愈性，或者说计算系统 FSM 模型 G 在 M_F 下是可自愈的，记作 $SH_{M_F}(G)$。

根据定义有：

$$D_{M_F}(G) \wedge R_{M_F}(G) \Rightarrow SH_{M_F}(G)$$

下面仍然在图 2 – 1 所示的计算系统 FSM 模型的基础上，继续讨论系统自愈性问题。假设图 2 – 1 所示的计算系统存在修复计划集合 $\Sigma_r = \{r_1, r_2, r_3, r_4\}$，并且存在修复断言集合 $\Sigma_p = \{p < r_1, f_1 >, p < r_2, f_2 >, p < r_3, f_3 >, p < r_4, f_4 >\}$，则计算系统满足可修复性条件，但根据前面的讨论可知，该计算系统不满足可诊断条件，因此，该计算系统不满足自愈性条件。

该计算系统不满足可诊断性条件的根本原因在于，基本故障 f_1 和 f_2 存在共同的签名 $<o_1o_2o_3 \sim >$，并且该签名并不是它们的特征签名，这导致系统在某些情况下无法区分基本故障 f_1 或 f_2 的发生，但是如果系统存在修复计划 r_x，能够使修复断言 $p < r_x, f_1 >$ 和 $p < r_x, f_2 >$ 成立，即修复计划 r_x 既能够修复 f_1 又能够修复 f_2，那么系统有可能变为可自愈的。

通过以上讨论可以看出，定义 2.21（计算系统自愈性）要求计算系统具备强可诊断性与完全可修复性，这一要求是十分严格的，因此，我们也把满足这一约束条件的计算系统称作是具备强自愈性的。

本章在计算系统可诊断性一节讨论中给出了两种弱可诊断性定义——偶然可诊断性与触发可诊断性，在定义 2.21（计算系统自愈性）中，同样可以采用前面讨论的偶然可诊断性与触发可诊断性定义，从而放宽可诊断性条件，进而放宽自愈性条件，使系统在特定情况下具备自愈性，我们可以把这种采用偶然可诊断性或触发可诊断性条件的自愈系统称作弱自愈系统。

实际的复杂计算系统一般很难满足定义 2.21（计算系统自愈性）中的强自愈性条件，即使采用偶然可诊断性或触发可诊断性定义放宽自愈性条件，实际的复杂计算系统在大部分情况下也只能满足故障模型中的部分故障可诊断以及部分故障可修复的条件。此外，即使系统在设计初期满足了定义 2.21（计算系统自愈性）中的强自愈性条件，随着系统运行过程中的交互环境以及资源状况变化，故障模型也将随之变化，这可能导致计算系统对故障模型的诊断以及修复支持程度发生变化，从而出现部分可诊断与部分可修复情况。

对于计算系统针对特定故障模型满足部分故障可诊断以及部分故障可修复情况，它们仍然具备一定自愈性，我们把这种自愈性称之为部分自愈性。在计算系统满足部分自愈性的情况下，如何评价其自愈性强弱是一个需要进一步讨论的问题。

2.4　计算系统部分自愈性

2.4.1　故障模型对计算系统自愈性的影响

以上针对计算系统可诊断性、可修复性以及自愈性的定义与讨论，都是基于特定故障模型的，故障模型为基本故障集合的覆盖集是其必须满足的基本条件，在满足这一基本条件情况下，故障模型不同的结构对计算系统可诊断性、可修复性以及自愈性判定具有至关重要的影响，下面仍然通过图 2 - 1 所示的例子说明故障模型对计算系统可诊断性、可修复性以及自愈性的影响。

假设在图 2 - 1 所示的计算系统中存在修复计划集合 $\Sigma_r = \{r_1, r_2, r_3, r_4\}$，并且存在修复断言集合 $\Sigma_p = \{p<r_1, f_1>, p<r_2, f_2>, p<r_3, f_3>, p<r_4, f_4>\}$。在不对系统中基本故障作任何划分情况下，即 $M_F = \{f_1, f_2,$

f_3，f_4｝，由于故障 f_1 和 f_2 具有非特征签名，因此，系统不满足可诊断性条件。根据系统修复断言可知，f_1、f_2、f_3 和 f_4 均为可修复的，因此，系统满足可修复条件。但系统自愈性要求系统为可诊断且可修复，因此，系统不满足自愈性条件。

若对系统基本故障作简单划分，得到故障模型 $M_F{}' = \{F_1, F_2, F_3\}$，其中，宏故障 $F_1 = \{f_1, f_2\}$，$F_2 = \{f_3\}$，$F_3 = \{f_4\}$，则系统在故障模型 $M_F{}'$ 下具备可诊断性，但系统又失去了可修复性，因为在故障模型 $M_F{}'$ 下，系统不存在修复计划能够修复宏故障 F_1，因此，系统同样不满足自愈性条件。如果在故障模型 $M_F{}'$ 下，系统存在修复计划 r_x，它能够修复宏故障 F_1，那么系统将满足自愈性条件。如果对系统基本故障进行另一种划分，可能又会得到不同的可诊断性、可修复性以及自愈性结果。

上面的例子仅仅从集合划分的角度说明了故障模型对于计算系统自愈性评价的重要性。对于计算系统部分自愈性问题，如果没有确定的故障模型，将无法对其进行进一步评价。下面尝试通过一种层次树状结构描述故障模型，并在此基础上进一步引出部分自愈性量化评价指标——自愈度与自愈深度。

2.4.2 故障模型

故障模型或者故障假设一直是系统可靠性和容错研究领域的基础和前提，通过对计算系统自愈性的讨论以及例子可以看出，计算系统自愈性同样需要以故障模型为基础。故障模型描述了系统可能出现的故障情况、故障表征以及故障对系统的影响，它是计算系统实现自愈的基本参照，没有故障模型，也就无法评价系统的自愈能力[117]。

从系统角度看，故障可以看作是使系统行为偏离预期目标的事件。单个故障可能影响系统某个或某些单元，甚至影响整个系统，同一故障在不同环境下对系统的影响可能不同，不同故障也可能具有相同表征。此外，故障之间的依赖关系也可能使它们相互触发，这些都使故障模型构造变得十分复杂，故障模型也是当前复杂计算系统研究中面临的最具挑战性的问题之一。

当前，研究人员从故障原因、故障定位、故障对系统的影响、属性描述、可能的检测手段以及解决策略等不同角度对故障展开了初步研究[119-123]，虽然这些研究对故障描述的视角不同，但大部分研究都需要利用不同方法（分类和聚类等）对故障集合加以划分，从而降低故障问题的空间。本章在不考虑故障描述视角以及故障集合划分方法情况下，仅针对故障集合划分后的结果进行统一描述，从而为最终故障模型表示提供统一形式，为基于故障模型的计算系统自愈性评价提供基础和依据。

定义 2.22（故障模型）：故障模型 M_F 是一颗带权的无序平衡树，表示为 $T < root, (T_i, w_i) >$，树中的叶子节点代表所有基本故障 f，即 $M_F \in C$（$\sum_f$），非叶子节点代表宏故障 F，节点的权值代表了该故障节点在树中同层次故障节点中的重要性（可以根据故障发生频度以及故障对系统可能造成的影响等方面通过不同算法评估）。

定义 2.22（故障模型）仅将故障模型定义为层次树状的表示结构，而并不涉及树中节点属性以及树的生成方法和权值计算方法，为不同计算系统的故障模型构造提供了充分的灵活性。此外，故障模型采用平衡树结构能够很好地支持多级聚类（分类）方法。本书以下论述中在不作特殊说明情况下，故障模型均指符合定义 2.22 的故障模型。下面通过一个例子说明故障模型的层次树状结构。

假设某计算系统基本故障为 f_1、f_2、f_3、f_4、f_5、f_6、f_7，则图 2-3（a）和图 2-3（b）表示了它们可能的两种故障模型 A 和 B，模型中节点的权值经过层次归一化处理。其中，故障模型 A 的高度为 3，故障模型 B 的高度为 2，它们可能是通过不同的聚类算法获得。本书约定故障模型树的叶子节点为树的第零层。

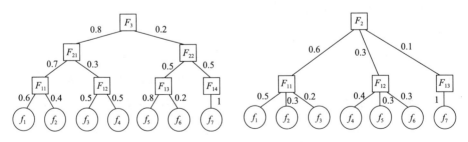

图 2-3（a）　故障模型 A　　　　　图 2-3（b）　故障模型 B

将系统故障采用故障模型树表示之后，树中的故障节点除了具有本身固有属性（故障表征以及故障对系统影响等属性）外，还将具有故障权重属性与故障可诊断/可修复/自愈状态两个属性。

对于故障权重属性的表示，可以通过故障模型树中不同层次故障权重归一化的数值表示，如图 2 - 3（a）和图 2 - 3（b）所示。对于故障可诊断/可修复/自愈状态属性的表示，为方便讨论，可以采用不同颜色表示，例如，黄色 yellow 表示节点可诊断；蓝色 blue 表示节点可修复；黄色 yellow 与蓝色 blue 的叠加，即绿色 green 表示节点可自愈。为便于区分，在图中用横向条纹代表黄色 yellow；用纵向条纹代表蓝色 blue；横向条纹与纵向条纹的叠加（网格）代表绿色 green。

根据故障的可诊断性与可修复性定义，故障模型 M_F 中节点涂色具有一个重要的性质。

定理 2.2（故障模型树涂色定理）：假设 M_F 为计算系统 FSM 模型 G 的故障模型（符合定义 2.22），若 M_F 中某个节点的所有孩子节点（如果有的话）均为黄色 yellow（可诊断的），则该父节点必然是黄色 yellow（可诊断的）；若某个节点为蓝色 blue（可修复的），则该节点的所有孩子节点（如果有的话）必然为蓝色 blue（可修复的）。

证明：给定 F_i 为故障模型 M_F 中某个节点，f_a 与 f_b 为其孩子节点，如图 2 - 4 所示。

图 2 - 4 故障节点示例

对于可诊断情况：

（1）设故障节点 f_a 与 f_b 均为黄色 yellow（可诊断的），根据定义 2.10（故障可诊断性）可得：

$$\forall s_L(f_a) \in S_L(f_a) \Rightarrow s_L(f_a) \in S_L^C(f_a)$$

$$\forall s_L(f_b) \in S_L(f_b) \Rightarrow s_l(f_b) \in S_L^C(f_b)$$

（2）根据定义2.7（故障签名）与定义2.8（故障特征签名）可得，故障 F_i 的签名集合与特征签名集合分别为故障 f_a 与 f_b 签名集合与特征签名集合的并集，即：

$$S_L(F_i) = S_L(f_a) \cup S_L(f_b)$$

$$S_L^c(F_i) = S_L^c(f_a) \cup S_L^c(f_b)$$

（3）对于故障 F_i 签名集合中的任一签名元素，只要证明其必为故障 F_i 的特征签名集合中的元素即可。

根据第（2）步可得：

$$\forall s_L(F_i) \in S_L(F_i) \Rightarrow s_L(F_i) \in S_L(f_a) \vee s_L(F_i) \in S_L(f_b)$$

根据第（1）步可得：

$$s_L(F_i) \in S_L(f_a) \Rightarrow s_L(F_i) \in S_L^c(f_a)$$

$$s_L(F_i) \in S_L(f_b) \Rightarrow s_L(F_i) \in S_L^c(f_b)$$

（4）根据第（3）步可得：

$$\forall s_L(F_i) \in S_L(F_i) \Rightarrow s_L(F_i) \in S_L^c(f_a) \vee s_L(F_i) \in S_L^c(f_b)$$

因为，

$$s_L(F_i) \in S_L^c(f_a) \vee s_L(F_i) \in S_L^c(f_b) \equiv s_L(F_i) \in S_L^c(f_a) \cup S_L^c(f_b)$$

所以，根据第（2）步可得：

$$\forall s_L(F_i) \in S_L(F_i) \Rightarrow s_L(F_i) \in S_L^c(f_a) \cup S_L^c(f_b) = S_L^c(F_i)$$

因此，故障 F_i 签名集合中的任一签名元素必为故障 F_i 的特征签名集合中的元素，即故障 F_i 必为可诊断的（黄色 yellow）。

对于可修复情况：

（1）设故障节点 F_i 为蓝色 blue（可修复的），根据定义2.19（故障可修复性），故障可修复性具有分解性质，即：

$$R(\{f_1, f_2\}) \Rightarrow R(f_1) \wedge R(f_2)$$

（2）因为，$F_i = \{f_a, f_b\}$，所以：

$$R(F_i) = R(\{f_a, f_b\}) = R(f_a) \wedge R(f_b)$$

即：f_a 与 f_b 均为可修复的（蓝色 blue）。

证毕。

假设某计算系统故障模型 M_F 如前文图2-3（a）所示，则图2-5（a）

和图 2－5（b）表示了在系统不同的设计结果（不同的离散事件系统模型）下，故障模型 M_F 中故障节点不同的可诊断、可修复以及自愈状态，节点状态满足定理 2.2（故障模型）。

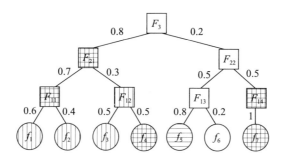

图 2－5（a）　故障模型节点状态图

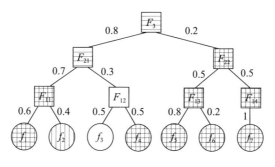

图 2－5（b）　故障模型节点状态图

图 2－5（a）中，在故障模型 M_F 的第零层节点中，故障 f_5 为可诊断节点（填充横向条纹），故障 f_1、f_2 与 f_3 为可修复节点（填充纵向条纹），故障 f_4 与 f_7 为自愈节点（填充网格条纹），f_6 为不可诊断且不可修复节点（无任何填充）；在第一层节点中，故障 F_{12} 为可修复节点，F_{11} 与 F_{14} 为自愈节点，F_{13} 为不可诊断且不可修复节点；在第二层节点中，故障 F_{21} 为自愈节点，F_{22} 为不可诊断且不可修复节点；对于第三层根节点，F_3 为不可诊断且不可修复节点。

图 2－5（b）中，在故障模型 M_F 的第零层节点中，故障 f_2 为可修复节点，故障 f_1、f_4、f_5、f_6 与 f_7 为自愈节点，故障 f_3 为不可诊断且不可修复节点；在第一层节点中，故障 F_{11}、F_{13} 与 F_{14} 为自愈节点，F_{12} 为不可诊断且不

可修复节点；在第二层节点中，故障 F_{21} 为可诊断节点，F_{22} 为自愈节点；对于第三层根节点，F_3 为可诊断节点。

显然，根据图 2 - 5（a）和图 2 - 5（b）中的节点状态，故障模型 M_F 在任一层次都没有达到定义 2.21（计算系统自愈性）中自愈性的条件，即系统并不具备强自愈性，但它们的节点状态并不相同。

对于系统可诊断性而言，在图 2 - 5（b）中，故障模型 M_F 的第二层节点满足了所有节点均为可诊断状态（纵向条纹）的条件，而在图 2 - 5（a）中，故障模型 M_F 的任何层次节点均无法满足所有节点均为可诊断状态，因此，从直观上看，图 2 - 5（b）所示的设计结果的可诊断性应该优于图 2 - 5（a）。

对于系统可修复性而言，两者在故障模型 M_F 中的各个层次同样均未能满足所有节点均为可修复的条件。图 2 - 5（a）能够修复树中第二层的故障 F_{21}，图 2 - 5（b）能够修复树中第二层的故障 F_{22}，根据故障权重可知，故障 F_{21} 要比故障 F_{22} 重要，因此，从直观上看，图 2 - 5（a）所示的设计结果的修复性应该优于图 2 - 5（b）。

对于系统自愈性而言，图 2 - 5（a）能够诊断并修复故障 F_{21}，图 2 - 5（b）能够诊断并修复故障 F_{22}，根据故障权重可知，故障 F_{21} 要比故障 F_{22} 重要，因此，从直观上看，图 2 - 5（a）所示的设计结果的自愈性应该优于图 2 - 5（b）。

通过上面一个简单案例的分析可以看出，在同一故障模型 M_F 下，不同的设计结果在不能满足完全自愈情况下，仍然可以通过它们对故障模型 M_F 的支持程度（涂色）分析其优劣性。以上案例只是给出了直观上的分析，如果要准确反映它们的自愈性优劣程度，则需要对它们进行量化评价。

2.4.3　可诊断度与可诊断深度

定义 2.23（可诊断度）：假设计算系统 FSM 模型为 G，故障模型为 M_F，M_F 中可诊断故障与全部故障的加权比为计算系统在 M_F 下的可诊断度，标记为 $D^o_{M_F}(G)$。

根据定义可得：

$$D_{M_F}^o(G) = D^o(F) = \sum_i \lambda_{F_i} \times D^o(F_i)$$

其中，F 为 M_F 根节点；λ_{F_i} 为 F 子树 F_i 的权值。

可诊断度的定义量化表示了系统故障模型 M_F 中可诊断节点的加权覆盖程度，可诊断度的值越大说明故障模型 M_F 中加权可诊断故障对 M_F 的覆盖程度越高。下面通过一个具体例子说明可诊断度的计算及其含义。

假设某计算系统的故障模型 M_F 如前文图 2 - 3（a）所示，其中节点权值经过层次归一化处理，系统在故障模型 M_F 下的节点可诊断状态如图 2 - 6 所示，其中填充横向条纹节点表示可诊断故障，空心节点表示不可诊断故障。

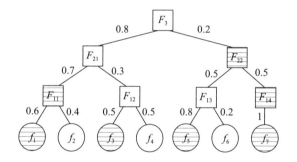

图 2 - 6　故障模型的节点可诊断状态图

根据定义 2.23（可诊断度），可得该计算系统在故障模型 M_F 下的可诊断度，计算过程如下：

（1）M_F 中所有叶子节点的诊断度为：

$D^o(f_1) = 1$

$D^o(f_2) = 0$

$D^o(f_3) = 1$

$D^o(f_4) = 0$

$D^o(f_5) = 1$

$D^o(f_6) = 0$

$D^o(f_7) = 1$

（2）M_F 中第一层所有节点的诊断度为：

$D^o(F_{11}) = 1$

$$
\begin{aligned}
D^o(F_{12}) &= \sum \lambda_{F_i} \times D^o(F_i) \\
&= \lambda_{f_3} \times D^o(f_3) + \lambda_{f_4} \times D^o(f_4) \\
&= 0.5 + 0 \\
&= 0.5
\end{aligned}
$$

$$
\begin{aligned}
D^o(F_{13}) &= \sum \lambda_{F_i} \times D^o(F_i) \\
&= \lambda_{f_5} \times D^o(f_5) + \lambda_{f_6} \times D^o(f_6) \\
&= 0.8 + 0 \\
&= 0.8
\end{aligned}
$$

$D^o(F_{14}) = 1$

（3）M_F 中第二层所有节点的诊断度为：

$$
\begin{aligned}
D^o(F_{21}) &= \sum \lambda_{F_i} \times D^o(F_i) \\
&= \lambda_{F_{11}} \times D^o(F_{11}) + \lambda_{F_{12}} \times D^o(F_{12}) \\
&= 0.7 \times 1 + 0.5 \times 0.3 \\
&= 0.85
\end{aligned}
$$

$D^o(F_{22}) = 1$

$$
\begin{aligned}
（4）\quad D^o_{M_F}(G) = D^o(F) &= \sum \lambda_{F_i} \times D^o(F_i) \\
&= \lambda_{F_{21}} \times D^o(F_{21}) + \lambda_{F_{22}} \times D^o(F_{22}) \\
&= 0.8 \times 0.85 + 0.2 \times 1 \\
&= 0.88
\end{aligned}
$$

采用同样的方法可以计算得到图 2 - 5（a）的可诊断度为 0.98，图 2 - 5（b）的可诊断度为 1，这量化说明了图 2 - 5（b）的可诊断程度要优于图 2 - 5（a）。

可诊断度量化反映了计算系统在故障模型 M_F 下的可诊断故障的覆盖程度，但它并不能反映系统对故障诊断的精确程度，对于自愈计算系统而言，除需要关注系统对故障模型的诊断覆盖程度外，还需要关注故障诊断的精确程度，以便采取合适的修复策略对故障加以修复。在相同的可诊断度情况下，诊断越精确，越有利于修复计划的设计。下面通过一个例子说明故障模型在相同可诊断度情况下的不同可诊断精确程度。

假设某计算系统故障模型 M_F 如前文图 2 - 3（a）所示，系统不同的设计结果使 M_F 节点可诊断状态分别如图 2 - 7（a）和图 2 - 7（b）所示。

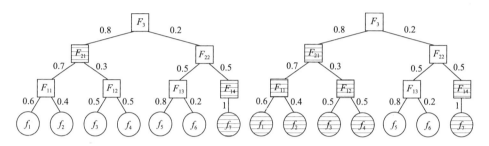

图 2 - 7（a） 故障模型可诊断状态图　　图 2 - 7（b） 故障模型可诊断状态图

根据定义 2.23（可诊断度），计算可得图 2 - 7（a）和图 2 - 7（b）的可诊断度均为 0.9，这说明两者对系统故障模型 M_F 中的故障诊断覆盖程度相同。根据它们的可诊断状态图可以进一步直观发现，图 2 - 7（b）的可诊断精确程度要优于图 2 - 7（a）。因为在图 2 - 7（b）中，宏故障 F_{21} 下的每个子节点均为可诊断状态，直至故障模型树 M_F 的第零层中的基本故障节点；而在图 2 - 7（a）中，虽然宏故障 F_{21} 为可诊断节点，但其子节点均为不可诊断。这说明图 2 - 7（a）只能诊断到 F_{21} 这类故障的发生而并不能进一步区分 F_{21} 下的更多的不同类型故障；而图 2 - 7（b）不但可以诊断到 F_{21} 这类故障的发生，而且可以进一步区分 F_{21} 下的每个类型故障，直至每个基本故障。

为了量化评价系统设计结果（离散事件系统模型）对故障模型 M_F 的可诊断支持精确程度，本书引入可诊断深度概念。

定义 2.24（可诊断深度）：假设计算系统 FSM 模型为 G，故障模型为 M_F，从 M_F 根节点到任一叶子节点 f_i（基本故障）路径上的最低层次可诊断故障节点的深度称为该基本故障的可诊断深度，记作 $h_{f_i}^d$（$h \geqslant 0$），故障模型中所有基本故障可诊断深度的平均值与故障模型高度之比称为故障模型的可诊断深度，记作 $H_{M_F}^D$。

根据定义可得：

$$H_{M_F}^D = (\frac{1}{n}\sum h_{f_i}^d)/H$$

其中，H 为故障模型 M_F 树的高度。

可诊断深度量化反映了计算系统在故障模型 M_F 下的故障可诊断的精确程度，下面仍然通过图 2-7 的例子说明故障模型 M_F 可诊断深度的计算。

对于图 2-7（a），各基本故障的可诊断深度为：

$$h_{f_1}^d = h_{f_2}^d = h_{f_3}^d = h_{f_4}^d = 1$$

$$h_{f_5}^d = h_{f_6}^d = 0$$

$$h_{f_7}^d = 3$$

故障模型 M_F 的可诊断深度为：

$$H_{M_F}^D = \frac{1}{n}\sum h_{f_i}^d/H = \frac{1}{7}(1+1+1+1+0+0+3)/3 = 1/3$$

同样，可以计算得到图 2-7（b）的可诊断深度为 5/7。由于 5/7 > 1/3，即图 2-7（b）的可诊断深度大于图 2-7（a）的可诊断深度，这说明了在相同可诊断度情况下，图 2-7（b）的可诊断精确程度要优于图 2-7（a）。

2.4.4　可修复度与可修复深度

定义 2.25（可修复度）：假设计算系统 FSM 模型为 G，故障模型为 M_F，M_F 中可修复故障与全部故障的加权比为计算系统在 M_F 下的可修复度，标记为 $R_{M_F}^o(G)$。

根据定义可得：

$$R_{M_F}^o(G) = R^o(F) = \sum \lambda_{F_i} \times R^o(F_i)$$

其中，F 为 M_F 根节点；λ_{F_i} 为 F 子树 F_i 的权值。

可修复度的定义量化表示了系统对故障模型 M_F 的加权可修复覆盖程度，可修复度的值越大说明故障模型 M_F 中加权可修复故障的覆盖程度越大。

根据定义 2.25（可修复度），计算可得图 2-5（a）的可修复度为 0.9，图 2-5（b）的可修复度为 0.88，这量化说明了图 2-5（a）的可修复程度优于图 2 – 5（b）。

定义 2.26（可修复深度）：假设计算系统的 FSM 模型为 G，故障模型为 M_F，从 M_F 根节点到任一叶子节点（基本故障）路径上的最低层次可修复故障节点的深度称为该基本故障的可修复深度，记作 $h_{f_i}^r$（$h \geq 0$），故障模型中所有基本故障可修复深度的平均值与故障模型高度之比称为故障模型的可修复深度，记作 $H_{M_F}^R$。

根据定义可得：

$$H_{M_F}^R = \left(\frac{1}{n} \sum h_{f_i}^r \right) / H$$

其中，H 为故障模型 M_F 树的高度。

可修复深度量化反映了计算系统的 FSM 模型 G 在故障模型 M_F 下的修复计划对故障修复的精确程度。

需要说明的是，根据定义 2.19（故障可修复性），故障修复具有分解的性质，即在故障模型 M_F 中具有向下传播特性，因此，定义 2.26（可修复深度）中基本故障路径上最低层次可修复故障节点指的是存在能够直接修复该故障节点的修复计划的节点，这排除了那些通过故障修复向下传播特性获得修复性的节点。

2.4.5   自愈度与自愈深度

定义 2.27（自愈度）：假设计算系统的 FSM 模型为 G，故障模型为 M_F，M_F 中可诊断且可修复故障与全部故障的加权比为计算系统在 M_F 下的自愈度，标记为 $SH_{M_F}^o(G)$。

根据定义可得：

$$SH_{M_F}^o(G) = SH^o(F) = \sum \lambda_{F_i} \times SH^o(F_i)$$

其中，F 为 M_F 根节点；λ_{F_i} 为 F 子树 F_i 的权值。

自愈度量化表示了系统故障模型 M_F 中故障节点的加权自愈覆盖程度，自愈度的值越大说明故障模型 M_F 中加权自愈节点的覆盖程度越大。下面仍然通过图 2 – 5 的例子说明自愈度的计算及其含义。

对于图 2 - 5 （a）：

（1） M_F 中所有叶子节点的自愈度为：

$SH^o(f_1) = 0$

$SH^o(f_2) = 0$

$SH^o(f_3) = 0$

$SH^o(f_4) = 1$

$SH^o(f_5) = 0$

$SH^o(f_6) = 0$

$SH^o(f_7) = 1$

（2） M_F 中第一层所有节点的自愈度为：

$SH^o(F_{11}) = 1$

$$SH^o(F_{12}) = \sum \lambda_{F_i} \times SH^o(F_i)$$
$$= \lambda_{f_3} \times SH^o(f_3) + \lambda_{f_4} \times SH^o(f_4)$$
$$= 0 + 0.5$$
$$= 0.5$$

$SH^o(F_{13}) = 0$

$SH^o(F_{14}) = 1$

（3） M_F 中第二层所有节点的自愈度为：

$SH^o(F_{21}) = 1$

$$SH^o(F_{22}) = \sum \lambda_{F_i} \times SH^o(F_i)$$
$$= \lambda_{F_{13}} \times SH^o(F_{13}) + \lambda_{F_{14}} \times SH^o(F_{14})$$
$$= 0 + 0.5$$
$$= 0.5$$

（4） 系统在故障模型 M_F 下的自愈度为：

$$SH^o_{M_F}(G) = SH^o(F) = \sum \lambda_{F_i} \times SH^o(F_i)$$
$$= \lambda_{F_{21}} \times SH^o(F_{21}) + \lambda_{F_{22}} \times SH^o(F_{22})$$
$$= 0.8 + 0.2 \times 0.5$$

$$= 0.9$$

采用同样的方法，可以计算得到图 2 - 5（b）的自愈度为 0.88。图 2 - 5（a）的自愈度 0.9 大于图 2 - 5（b）的自愈度 0.88，这说明了图 2 - 5（a）的自愈程度要优于图 2 - 5（b）。

定义 2.28（自愈深度）：假设计算系统的 FSM 模型为 G，故障模型为 M_F，从 M_F 根节点到任一叶子节点 f_i（基本故障）路径上的最低层次可诊断且可修复故障节点的深度称为该基本故障的自愈深度，记作 $h_{f_i}^{sh}$（$h \geq 0$），故障模型中所有基本故障自愈深度的平均值与故障模型高度之比称为故障模型的自愈深度，记作 $H_{M_F}^{SH}$。

根据定义可得：

$$H_{M_F}^{SH} = \left(\frac{1}{n} \sum h_{f_i}^{sh} \right) / H$$

其中，H 为故障模型 M_F 树的高度。

自愈深度量化反映了计算系统的 FSM 模型 G 在故障模型 M_F 下故障的自愈精确程度。下面仍然通过图 2 - 5 的例子说明故障模型 M_F 自愈深度的计算。

对于图 2 - 5（a），各基本故障的自愈深度为：

$$h_{f_1}^{sh} = h_{f_2}^{sh} = 2$$
$$h_{f_3}^{sh} = 1$$
$$h_{f_4}^{sh} = 3$$
$$h_{f_5}^{sh} = h_{f_6}^{sh} = 0$$
$$h_{f_7}^{sh} = 3$$

故障模型 M_F 的自愈深度为：

$$H_{M_F}^{SH} = \frac{1}{n} \sum h_{f_i}^{sh} / H$$

$$= \frac{1}{7}(2 + 2 + 1 + 3 + 0 + 0 + 3)/3 = 11/21$$

采用同样的方法，可以计算得到图 2 - 5（b）的自愈深度为 17/21。17/21 大于 11/21，这说明了图 2 - 5（b）的自愈精确程度要优于图 2 - 5（a）。

2.5　计算系统自愈性评价指标计算算法

前文阐述了计算系统可诊断度与可诊断深度/可修复度与可修复深度/自愈度与自愈深度的定义，这些定义从度与深度两个方面给出了计算系统在部分可诊断/可修复/自愈情况下的量化评价指标。在实际中，自愈计算系统的设计过程可以看作是对故障模型 M_F 的涂色过程，故障模型 M_F 的涂色结果表示了系统的自愈情况。对于涂色后的故障模型 M_F^* ，其中所有黄色 yellow 节点代表了可诊断节点，蓝色 blue 节点代表了可修复节点，绿色 green 节点代表了可自愈节点。下面给出在给定涂色故障模型 M_F^* 下可诊断度与可诊断深度/可修复度与可修复深度/自愈度与自愈深度的计算算法。

假设故障模型 M_F 采用双亲孩子兄弟表示法，M_F 中节点的权值经过层次归一化处理，树以及树中节点信息的数据结构如图 2-8 和图 2-9 所示。

```
31  private:
32    TreeNode* pParent;    //父节点
33    int parentID;    //父节点ID号
34    Node* pData;    //节点数据
35    double weight;    //节点层次归一化权值
36    TreeNode* pFirstChild;    //孩子节点
37    int firstChildID;    //孩子节点ID号
38    TreeNode* pNext;    //相邻兄弟节点
39    int nextID;
40  };
```

图 2-8　故障模型 M_F 双亲孩子兄弟表示数据结构

```
62  private:
63    int id;    //故障节点ID
64    vector<string>* pVecAs;    //故障节点属性集合
65    vector<Sign*>* pVecSigns;    //故障签名集合
66    int level;    //故障等级
67    vector<Cons*>* pConss;    //故障对计算系统影响的集合
68    int nodeColor;    //节点涂色状态
69  };
```

图 2-9　故障模型 M_F 节点信息数据结构

在故障模型 M_F 的双亲孩子兄弟表示法下，可诊断度/可修复度/自愈度计算算法、可诊断深度/可修复深度/自愈深度计算算法分别如表 2 – 1 和表 2 –2所示。

表 2 – 1　算法 2 – 1——M_F^* 可诊断度/可修复度/自愈度计算算法的描述

输入：涂色的故障模型 M_F^*
输出：$D_{M_F^*}^o$ / $R_{M_F^*}^o$ / $SH_{M_F^*}^o$
L0：*float computeTreeNodeD*（*TreeNode p*）{
L1：*float d = 0*;
L2：*if*（*p. pData. nodeColor = = YELLOW/BLUE/GREEN*）{
L3：*d = p. weight ∗ 1*;
L4：　　}
L5：*else* {
L6：*if*（*p. pFirstChild = = NULL*）{
L7：*d = 0*;
L8：　　　}
L9：*else* {
L10：*for*（*TreeNode child = p. pFirstChild*；*child ! = NULL*；*child = child. pNext*）{
L11：*d + = computeTreeNodeD*（*child*）;
L12：　　　}
L13：　　}
L14：　}
L15：*return d*;
L16：}

　　求解可诊断度/可修复度/自愈度算法的过程类似于普通树的遍历过程，区别在于，当树中某个节点为可诊断/可修复/自愈状态时，结束该节点所有子孙节点的继续遍历。算法 2 – 1 可以求解故障模型中任一节点的可诊断度/可修复度/自愈度，当算法输入的节点参数为涂色后故障模型 M_F^* 跟节点时，输出为 M_F^* 的可诊断度/可修复度/自愈度。算法 2 – 1 采用了递归的方法求解，也可以通过增加栈的方法采用非递归的方法求解。

表 2 - 2　　算法 2 - 2——M_F^* 可诊断深度/可修复深度/自愈深度计算算法的描述

输入：涂色的故障模型 M_F^*
输出：$H_{M_F^*}^D$ / $H_{M_F^*}^R$ / $H_{M_F^*}^{SH}$
L0：*float computeLeafNodeH（TreeNode p）* ｛
L1：*float h = 0；*
L2：*if（p. pFirstChild ！ = NULL）* ｛
L3：*return* - 1；
L4：　　｝
L5：*else* ｛
L6：*if（p. pData. nodeColor = = YELLOW/BLUE/GREEN）* ｛
L7：*h = H（p）；　　//H（p）* 为节点 p 在树中的高度
L8：　　　　｝
L9：*else* ｛
L10：*p = pParent；*
L11：*while（p ！ = NULL）* ｛
L12：*if（p. pData. nodeColor = = YELLOW/BLUE/GREEN）* ｛
L13：*h = H（p）；*
L14：*break；*
L15：　　　　｝
L16：*else* ｛
L17：*p = pParent；*
L18：　　　　｝
L19：　　　｝
L20：　　｝
L21：*return h；*
L22：　　｝
L23：｝
L24：*float computeTreeH（TreeNode p）* ｛
L25：*float h = 0；float total = 0；int n = 0；*
L26：*TreeNode q；*
L27：*for（q = LookupFirstLeaf（p）；q ！ = NULL；q = q. pNext）* ｛
L28：*total + = computeLeafNodeH（q）；*
L29：*n + +；*
L30：　　｝
L31：*h = total/n/H（p）；*
L32：　　｝

算法 2 - 2 中的函数 *computeLeafNodeH* 用于计算树中所有节点的可诊断深度/可修复深度/自愈深度，算法思想类似于由叶子节点向跟节点的遍历树的过程，当遇到节点状态为可诊断/可修复/自愈时中止。函数 *computeTreeH* 用于计算涂色后故障模型 M_F^* 的可诊断深度/可修复深度/自愈深度，由于树节点的数据结构中增加了相邻兄弟节点指针，该过程类似于顺序访问树中所有叶子节点的过程。

以上两个算法的时间复杂度与树的遍历时间复杂度相同，假设故障模型中节点数为 n，则以上两个算法的时间复杂度均为 $O(n)$。

2.6 实例分析与讨论

下面通过一个完整的计算系统 FSM 模型实例，说明系统自愈性量化评价指标的计算与意义，并针对系统设计中如何提高系统自愈性的问题进行讨论。

假设某计算系统 FSM 模型 G 如图 2 - 10 所示，其中，f_1、f_2、f_3、f_4、f_5、f_6、f_7 为基本故障事件，o_1，o_2，$\cdots$，o_{10} 为可观测事件，uo_1 为不可观测事件。

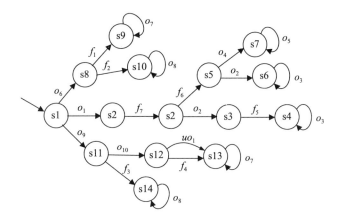

图 2 - 10　计算系统 FSM 模型图

根据图 2 – 10 可得，系统中各基本故障的签名集合以及特征签名集合情况如下：

$$S_L(f_1) = S_L^c(f_1) = \{ < o_6 o_7 \sim > \}$$

$$S_L(f_2) = S_L^c(f_2) = \{ < o_6 o_8 \sim > \}$$

$$S_L(f_3) = S_L^c(f_3) = \{ < o_9 o_8 \sim > \}$$

$$S_L(f_4) = \{ < o_9 o_{10} o_7 \sim > \}$$

$$S_L^c(f_4) = \phi$$

$$S_L(f_5) = \{ < o_1 o_2 o_3 \sim > \}$$

$$S_L^c(f_5) = \phi$$

$$S_L(f_6) = \{ < o_1 o_2 o_3 \sim > , < o_1 o_4 o_5 \sim > \}$$

$$S_L^c(f_6) = \{ < o_1 o_4 o_5 \sim > \}$$

$$S_L(f_7) = S_L^c(f_7) = \{ < o_1 o_2 o_3 \sim > , < o_1 o_4 o_5 \sim > \}$$

从以上各基本故障的签名集合与特征签名集合情况可以看出，基本故障 f_1、f_2、f_3 都只具有一个签名，并且分别为它们各自的特征签名，这表明 f_1、f_2、f_3 具有可诊断性；基本故障 f_4 也只具有一个签名，但该签名并不是它的特征签名，因此，f_4 不具有可诊断性；基本故障 f_5 也具有唯一签名，但该签名也不是其特征签名，因此，f_5 不具有可诊断性；f_6 具有两个签名，但只有其中一个签名 $< o_1 o_4 o_5 >$ 为特征签名，因此，f_6 不具有可诊断性；f_7 具有两个签名，且这两个签名均为其特征签名，因此，f_7 具有可诊断性。显然，在不对基本故障作任何划分情况下，系统是不具备可诊断性的。

若给定基本故障 $(f_1, f_2, f_3, f_4, f_5, f_6, f_7)$ 的权重值分布情况为 $(10, 7, 4, 4, 3, 2, 5)$，在对系统故障进行分析（根据故障不同属性）基础上，则可得到系统故障模型 M_F 中各节点可诊断状态如图 2 – 11 所示。

根据算法 2 – 1 和算法 2 – 2，计算可得计算系统在图 2 – 11 所示故障模型下的可诊断度与可诊断深度分别为：

$$D_{M_F}^o(G) = D^o(F) = \sum \lambda_{F_i} \times D^o(F_i) = 0.74$$

$$H_{M_F}^D = (\frac{1}{n} \sum h_{f_i}^d)/H = 12/21$$

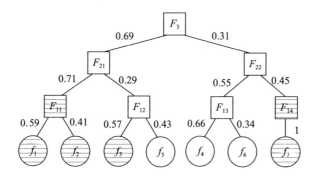

图 2 - 11　故障模型 M_F 及节点可诊断状态图

在确定的可诊断度与可诊断深度情况下，为了提高系统的自愈性，应该尽可能针对每个可诊断故障设计修复计划。在理想情况下，系统设计结果能够使故障模型中所有可诊断故障节点成为可修复状态，此时，系统的自愈度与可诊断度相同。

例如，在上面所讨论的例子中，在图 2 - 11 所示的故障模型 M_F 下，若系统设计结果存在修复计划集合以及相应的修复断言集合为：

$\sum_r = \{r_1, r_2, r_3, r_4\}$

$\sum_p = \{p<r_1, f_1>, p<r_2, f_2>, p<r_3, f_3>, p<r_4, f_7>\}$

则系统在故障模型 M_F 下各节点的自愈状态如图 2 - 12 所示。此时，系统自愈度与可诊断度相同，即 $SH_{M_F}^o(G) = D_{M_F}^o(G) = 0.74$，自愈深度与可诊断深度相同，即 $H_{M_F}^{SH} = H_{M_F}^D = 12/21$，这是在故障模型 M_F 下，系统的设计所能够达到的最佳效果。

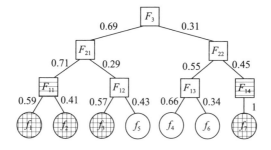

图 2 - 12　计算系统在故障模型 M_F 下节点自愈状态图

在通常情况下，由于系统自愈策略设计受到技术与开销限制，并不能够使故障模型 M_F 中所有可诊断节点成为可修复状态，因此，系统实际自愈度与自愈深度会分别小于可诊断度与可诊断深度。

故障模型 M_F 中节点可诊断状态也为系统自愈策略设计提供了指导。系统自愈策略的设计应该针对可诊断节点或者可诊断节点到根节点路径上的节点进行，对于故障模型 M_F 中的不可诊断节点，为其设计自愈策略是徒劳的。

如果要进一步提高系统自愈性（自愈度和自愈深度），必须进一步提高系统可诊断性，首先是提高系统可诊断度。在图 2 - 10 所示的例子中，若将基本故障 f_5 与 f_6 划分到一个集合中，则 f_5 与 f_6 构成的宏故障将具有可诊断性，这将有可能提高系统整体可诊断性。例如，在相同的基本故障及其权重分布情况下，则计算系统在该故障模型 M_F 下各节点可诊断状态将如图 2 - 13 所示。

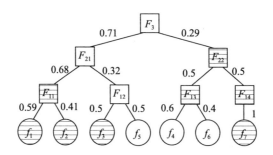

图 2 - 13　计算系统故障模型 M_F 及节点可诊断状态图

根据算法 2 - 1 和算法 2 - 2 计算可得计算系统在图 2 - 14 所示故障模型 M_F 下的可诊断度与可诊断深度分别为：

$$D_{M_F}^o (G) = D^o (F) = \sum \lambda_{F_i} \times D^o (F_i) = 0.89$$

$$H_{M_F}^D = \left(\frac{1}{n} \sum h_{f_i}^d \right) / H = 16/21$$

从计算结果可以看出，系统在图 2 - 13 所示故障模型下的可诊断度与可诊断深度有了明显提高。在系统可诊断性提高的同时，如果系统设计中能够增加针对可诊断宏故障 F_{13} 存在修复计划，即修复计划集合以及相应的修复断言情况为：

$\sum_r = \{r_1 , r_2 , r_3 , r_4 , r_5\}$

$\sum_p = \{p<r_1 , f_1> , p<r_2 , f_2> , p<r_3 , f_3> , p<r_4 , f_7> , p<r_5 , F_{13}>\}$

则系统在故障模型 M_F 下各节点的自愈状态如图 2 – 14 所示。此时，系统自愈度和自愈深度将分别与可诊断度和可诊断深度相同，也即达到了最优情况。

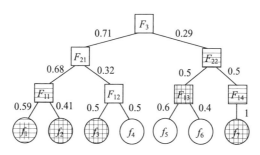

图 2 – 14　计算系统在故障模型 M_F 下节点自愈状态图

以上提高系统自愈度与自愈深度的方法依赖于宏故障 F_{13} 修复计划的存在。在一般情况下，宏故障的修复计划设计比单个故障修复要困难，这好比人体生病一样，对症下药相对容易，但如果要研制一种能够治愈所有病症的药品，这几乎是不可能的。因此，在构造系统故障模型的过程中，除了要尽可能提高系统可诊断度，为提高系统自愈度提供条件外，还需要考虑如何尽可能降低修复计划设计的难度。

例如，在系统同样的基本故障及其权重分布情况下，如果将基本故障 f_5、f_6 与 f_7 划分到一个集合中，可以得到故障模型 M_F 及其在可诊断情况，如图 2 – 15 所示。系统在该故障模型下的可诊断度为 0.89，与图 2 – 13 故障模型的可诊断度相同，但在该故障模型下，如果要使其自愈度达到与可诊断度相同的最大值，需要设计修复计划 r_k，使其能够修复宏故障 F_{12}，宏故障 F_{12} 由 f_5、f_6 与 f_7 三个基本故障构成，因此，r_k 的设计相对图 2 – 13 故障模型中的修复计划 r_5 要困难，因为 r_5 只需要修复基本故障 f_5 与 f_6。对于可诊断深度，图 2 – 15 故障模型的可诊断深度为 15/21，小于图 2 – 13 故障模型的诊断深度 16/21，这也说明了图 2 – 15 故障模型的诊断精确程度小于图 2 – 13 故障模型的诊断精确程度，其后续自愈策略设计有可能比图 2 – 13 故障模型自愈策略设计困难。

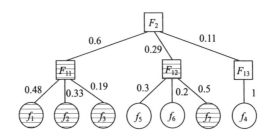

图 2 – 15   计算系统故障模型 M_F 及其节点可诊断状态图

通过以上实例分析与讨论可以看出，本章所提出的自愈度以及自愈深度概念能够有效地为系统设计提供指导，为系统设计结果提供评价依据，同时，也为故障模型构造提供了指导目标。

2.7   本章小结

本章研究了计算系统自愈性的内涵，给出了计算系统自愈性的统一明确定义。在此基础上，基于离散事件系统模型，将计算系统的可诊断性与可修复性结合起来，提出了计算系统自愈性的形式化定义，并给出了自愈性条件的两种弱化形式。针对实际计算系统部分自愈性问题，本章还提出了基于故障模型的部分自愈性量化评价指标，并给出了量化指标的计算算法。本章的研究成果为当前计算系统自愈性的量化评价提供了理论基础。实例分析结果表明，所提出的自愈性评价指标能够有效地对系统设计结果进行评价，并为系统设计提供指导和参考依据。

第3章

不完备模型下的系统诊断与演化方法

首先，针对在系统模型不完备情况下采用同步积诊断系统的方法所存在的问题，引出了"广义同步积"与"θ同步积"的概念。在此基础上提出了基于θ同步积的系统诊断方法，并通过实例分析与对比说明了基于θ同步积的诊断方法的有效性及其优点。其次，针对复杂计算系统模型的演化问题，提出了一种基于观测序列完备系统模型的方法，并给出了完备系统模型的具体算法。最后，通过实例分析验证了所提出的系统模型完备算法的有效性，并讨论了所提出的系统模型演化方法在具体应用中的相关问题。

3.1 引言

在离散事件系统模型下，诊断计算系统运行过程中故障发生的基本思想是，根据系统运行过程中的实际观测事件序列，找出系统在离散事件系统模型下的运行情况或者诊断解释。诊断解释定义为系统在离散事件系统模型下与观测事件序列相一致的演化轨迹或路径的集合，诊断解释在不同研究中也被称为"历史"或"场景"等。本书采用有限状态自动机的方法描述离散事件系统模型，如果观测事件序列同样采用有限状态自动机进行描述，则诊断解释可以形式化描述为系统模型自动机与观测事件序列自动机的同步积，同步积的结果表示了系统可能的运行路径或者轨迹，其中包含了可能发生故障的路径或轨迹。

然而，使用同步积求解系统诊断解释存在一个潜在的前提条件，即假设给定系统的离散事件系统模型是完备的，即系统模型包含了所有正常行为和故障行为。对于现实中的复杂计算系统，该假设一般是难以成立的。因此，本章主要关注离散事件系统在模型不完备情况下诊断理论与方法的研究，同时，鉴于模型完备度对系统诊断结果具有重要影响，本章讨论了一种根据实际观测事件序列演化系统模型的方法。

3.2 基于同步积的系统诊断方法

3.2.1 同步积的概念

本书第 2 章将计算系统的离散事件系统模型表示为：

$$G = (X, \Sigma, \delta, x_0)$$

为描述和区分系统初始状态和终止状态，本章进一步将自动机表示为五元组：

$$G = (X, \Sigma, \delta, I, F)$$

其中，X 为系统状态集；Σ 表示有限事件集合；δ 为状态转移 (x, t, x') 集合。其中，$t \subseteq \Sigma$，并约定对于任一状态 $x \in X$，$(x, \phi, x) \in \delta$。其中，ϕ 表示空事件集；I 为初始状态集合；F 为终止状态集合。

在一般情况下，系统模型 G 中的状态转移事件包含可观测事件与不可观测事件（其中包含故障事件），此外，实际系统在任意状态下都可能终止，因而通常假设 $F = X$，即模型终止状态集合与模型所有状态集合相同。

在以上描述的计算系统有限状态自动机模型中，我们将连接一个初始状态和一个终止状态的所有事件的序列集合称作一条路径，将路径中的任意一个序列子集称为轨迹。有限状态自动机自身的所有状态应该都处于路径之中，但在下面将要讨论的同步积操作结果中，可能会产生不属于任何路径的状态，这些状态没有实际意义，我们一般会将自动机中不属于任何路径的状态删除，即简约（Trim）操作，从而得到简约自动机。本章后续的讨论中仅考虑简约自动机。此外，简约操作也可以将自动机限定到某一特定状态集合。例如，给定一个自动机 $G = (X, \sum, \delta, I, F)$，如果希望将其初始状态限定为 I'，则 $G[I'] = \mathrm{trim}\ (G')$，其中，$G' = (X, \sum, \delta, I \cap I', F)$。

针对自动机以上描述和约束，自动机的同步积描述如下：

假设给定两个自动机 $G_1 = (X_1, \sum_1, \delta_1, I_1, F_1)$ 和 $G_2 = (X_2, \sum_2, \delta_2, I_2, F_2)$，则它们的同步积可以表示为如下一个简约自动机：

$G_1 \otimes G_2 = \mathrm{trim}\ (G')$

$G' = (X_1 \times X_2, \sum_1 \cup \sum_2, \delta', I_1 \times I_2, F_1 \times F_2)$

其中，δ' 满足如下条件：

$\delta' = \{((x_1, x_2), t, (x_1', x_2')) \mid \exists t_1, t_2: (x_1, t_1, x_1') \in \delta_1 \wedge (x_2, t_2, x_2') \in \delta_2 \wedge (t_1 \cap (\sum_1 \cap \sum_2) = t_2 \cap (\sum_1 \cap \sum_2)) \wedge t = t_1 \cup t_2\}$

3.2.2 基于同步积的诊断方法存在的问题

基于同步积诊断方法的基本思想是，在系统运行过程中根据实际观测事件序列在系统模型中找到相应路径或运行轨迹。假设在时间区间 $[t_0, t_1]$ 内，系统的实际可观测事件序列同样可以使用自动机（Obs）加以表示。这样，给定离散事件系统模型 G，观测自动机 Obs，该系统的诊断可以表示为 G 与 Obs 的同步积 D，即：

$D = G \otimes Obs$

直观上看，基于同步积的诊断是寻找系统与实际观测事件序列完全一致的运行路径。下面通过一个例子说明基于同步积的诊断方法的效果。

假设系统模型自动机 G_1 和观测自动机 Obs_1 分别如图 3 - 1（a）和图 3 - 1（b）所示，则它们的同步积 $G_1 \otimes Obs_1$ 的结果如图 3 - 1（c）所示。其中，f_1，f_2，f_3 为不可观测的故障事件；o_1，$\cdots$，o_6 为可观测事件。

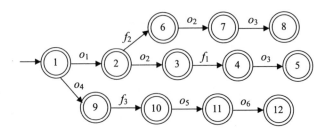

图 3 - 1（a）　系统模型自动机 G_1

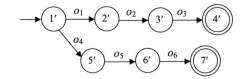

图 3 - 1（b）　系统观测自动机 Obs_1

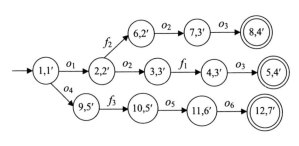

图 3 - 1（c）　$G_1 \otimes Obs_1$

　　基于同步积的诊断方法能够获得准确诊断结果需要一个基本的前提条件，就是假设系统模型自动机 G 描述了系统的完备行为，即 G 中路径表示了系统所有的运行过程，包括所有可能的正常行为和故障行为。对于本书所讨论的实际复杂计算系统，系统模型的完备性很难保证，在系统模型不完备情况下，采用同步积的方法有可能无法得到系统所有可能的运行过程，甚至得不到任何可能的运行路径。

　　例如，给定不完备的系统模型自动机 G_2 如图 3 - 2（a）所示，同样对于图 3 - 1（b）所示的观测自动机 Obs_1，G_2 和 Obs_1 的同步积 $G_2 \otimes Obs_1$ 将如

图 3－2（b）所示。其中，对于观测路径 $o_4 o_5 o_6$，在系统模型中无法得到与其对应的系统运行或者演化路径，也即根据系统模型无法对该观测路径进行解释。若不完备的系统模型的自动机 G_3 如图 3－3 所示，则 G_3 和 Obs_1 的同步积 $G_3 \otimes Obs_1$ 将为一个空自动机，即根据观测自动机无法得到系统任何运行或者演化路径，或者根据系统模型无法解释观测自动机的结果。

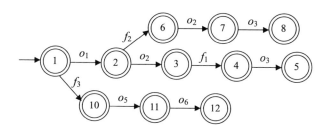

图 3－2（a） 不完备的系统模型自动机 G_2

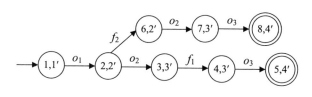

图 3－2（b） $G_2 \otimes Obs_1$

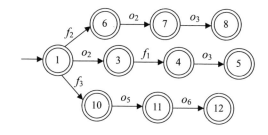

图 3－3 不完备的系统模型自动机 G_3

3.3 广义同步积与 θ 同步积

3.3.1 广义同步积

同步积的思想是在系统模型自动机中寻找与观测自动机完全匹配的运行路径或者演化过程，然而，这种精确求解方法在系统模型不完备情况下，往往得不到任何结果，对于一些安全关键系统，这种方法可能导致故障的漏诊，从而带来严重后果。为了解决这一问题，本书对同步积的方法进行扩展，引出广义同步积和 θ 同步积的概念，通过 θ 同步积，可以在系统模型自动机中寻找与观测自动机近似运行或者演化路径，从而解决精确匹配带来的漏诊问题。

定义 3.1（广义同步积）：假设给定两个自动机 $G_1 = (X_1, \sum_1, \delta_1, I_1, F_1)$ 和 $G_2 = (X_2, \sum_2, \delta_2, I_2, F_2)$，则它们的广义同步积可以表示为如下一个简约自动机：

$$G_1 \times G_2 = \text{trim}(G')$$

$$G' = (X_1 \times X_2, \sum_1 \cup \sum_2, \delta', I_1 \times I_2, F_1 \times F_2)$$

其中，δ' 满足如下条件：

$$\delta' = \{((x_1, x_2), t, (x'_1, x'_2)) \mid \exists t_1, t_2 : (x_1, t_1, x'_1) \in \delta_1 \wedge (x_2, t_2, x'_2) \in \delta_2 \wedge (t = t_1 \cup t_2) \wedge C(t, t_1, t_2)\}$$

其中，约束 $C(t, t_1, t_2)$ 定义如下：

$$t = \begin{cases} t_1 : t_{1Obs} = t_2 \\ t_2 : t_1 = \phi \end{cases}$$

其中，t_{1Obs} 表示 t_1 中所有可观测事件集合，当 $t_1 \subset \sum_{1uo}$ 时，t_{1Obs} 为 ϕ。

广义同步积通过放松转移条件的限制，达到对同步积的扩展，从而解除事件序列精确匹配的要求。

下面通过一个例子说明广义同步积的效果及其与传统同步积的不同。为了减小系统分析复杂性，对图 3 - 2（a）所示的不完备的系统模型自动机以及图 3 - 1（b）所示的系统观测自动机分别进行简化，简化后的不完备的系统模型自动机 G_4 以及系统观测自动机 Obs_2 分别如图 3 - 4（a）和图 3 - 4（b）所示。

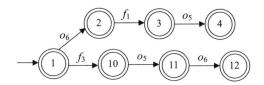

图 3 - 4（a）　不完备的系统模型自动机 G_4

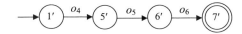

图 3 - 4（b）　系统观测自动机 Obs_2

根据定义 3.1（广义同步积）可得它们的广义同步积 $G_4 \times Obs_2$ 如图 3 - 5 所示，其中，实线表示两个自动机的同步事件，虚线表示非同步事件。

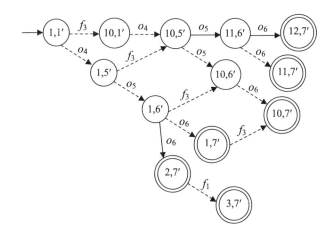

图 3 - 5　$G_4 \times Obs_2$

如果采用传统同步积的方法求解系统运行路径，则 G_4 与 Obs_2 的同步积

$G_4 \otimes Obs_2$ 为空自动机，即在系统模型中找不到任何一条与观测自动机完全吻合的系统运行路径，而 G_4 与 Obs_2 的广义同步积能够得到系统在不完备模型下的多个潜在的运行路径或轨迹，当然，这些路径未必准确，因此有必要对这些可能的路径进行进一步筛选。

3.3.2 θ 同步积

虽然广义同步积可以得到系统在不完备模型下的多个可能的演化路径，但这些演化路径与系统模型自动机中路径的吻合程度并不相同，根据这一吻合程度的不同，我们可以进一步对这些可能的演化路径进行简约操作，从而消除吻合程度较低的路径，得到更加符合系统实际运行过程的路径。

为了对广义同步积进行进一步简约操作，本节首先给出路径同步度的概念，然后引出基于同步度的 θ 同步积概念。

定义 3.2（路径同步度）：给定两个自动机 $G_1 = (X_1, \sum_1, \delta_1, I_1, F_1)$ 和 $G_2 = (X_2, \sum_2, \delta_2, I_2, F_2)$，在它们的广义同步积 $G_1 \times G_2$ 中，任意一条路径 j 的同步度表示为该路径中使 G_1 和 G_2 同步转移的事件与路径中所有可观测事件的基数比，记作 $S^o(j)$。

根据定义有：

$S^o(j) = |\sum_{syn}| / |\sum_{Obs}|$

其中，$\sum_{syn} = \{t \mid t_{Obs} \neq \phi \wedge t_{1Obs} = t_2 \wedge t_{Obs} \subseteq \sum_{1o} \wedge t \in j\}$；$\sum_{Obs} = \{t \mid t_{Obs} \neq \phi \wedge t_{Obs} \subseteq \sum_{2o} \wedge t \in j\}$。

路径同步度表示了广义同步积中不同路径与系统模型的一致程度，在该定义的基础上，可以进一步对自动机的广义同步积进行简约操作，以便得到与系统模型更加一致的系统演化路径。

定义 3.3（θ 同步积）：给定两个自动机 $G_1 = (X_1, \sum_1, \delta_1, I_1, F_1)$ 和 $G_2 = (X_2, \sum_2, \delta_2, I_2, F_2)$，其中，$G_1$ 表示不完备的系统模型；G_2 为观测自动机，假设 G_2 是完备的。则 G_1 与 G_2 的 θ 同步积为 G_1 与 G_2 广义同步积中消除路径同步度小于 θ 后得到的自动机，表示为 $G_1 \times_\theta G_2$（$0 \leq \theta \leq 1$）。

由 θ 同步积定义可得：

$$G_1 \times_\theta G_2 = \mathrm{trim}\ (G_1 \times G_2,\ \theta)$$

其中，简约操作 trim $(G_1 \times G_2,\ \theta)$ 描述为消除 $G_1 \times G_2$ 中同步度小于 θ 的所有路径。

根据 θ 同步积的定义，同步度 θ 的取值决定了 θ 同步积的结果。同步度 θ 取值越大，得到诊断结果中的路径与系统模型的吻合程度越大，但也可能因此而丢失系统某些可能的演化路径；同步度 θ 取值越小，保留的可能诊断结果将越多，但其中可能包含了更多的伪演化路径。

下面仍然通过图 3－5 所示的例子说明路径同步度 θ 对诊断结果的影响。当 θ 取值为 1/3 时，$G_4 \times_\theta Obs_2$ 的结果如图 3－6（a）所示，结果中消除了所有同步小于 1/3 的路径；当 θ 取值为 1/2 时，$G_4 \times_\theta Obs_2$ 的结果如图 3－6（b）所示，结果中进一步消除了所有同步度小于 1/2 的路径，此时，大部分演化路径已经被消除；当 θ 取值大于 2/3 时，$G_4 \times_\theta Obs_2$ 的结果将为空自动机，即系统模型自动机中没有一条演化路径能够与观测自动机的同步度超过 2/3。

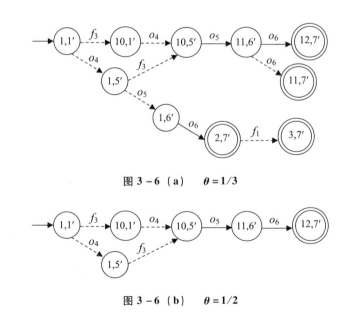

图 3－6（a）　$\theta = 1/3$

图 3－6（b）　$\theta = 1/2$

θ 同步积 $\times_\theta$ 操作可以看作同步积的一般形式或者推广，当 θ 取值为 0 时，θ 同步积 $\times_\theta$ 为广义同步积 $\times$，即 $G_1 \times_{\theta=0} G_2 = G_1 \times G_2$；当 θ 取值为 1

时，θ 同步积 $\times_\theta$ 为传统同步积 $\otimes$ ，即 $G_1 \times_{\theta=1} G_2 = G_1 \otimes G_2$ 。

3.4 基于 θ 同步积的系统诊断方法

在实际应用中，使用 θ 同步积求解诊断结果时，如何设置合适的同步度 θ 取值，以获得较好的诊断结果是一个比较困难的问题。

理论上，系统模型越完备，它与完备的实际观测自动机的最大吻合程度将越大。对于模型完备的系统，其观测自动机中每条路径在系统模型自动机中都可以找到一条完全吻合的演化路径，因此，θ 取值可以为 1，即采用传统同步积的方法；对于一个模型不完备的系统，其完备程度越低，它与观测自动机最大吻合路径的吻合程度也将越低，θ 的取值也就越重要。θ 取值过大，可能导致丢失某些可能的演化轨迹，从而出现漏诊；θ 取值过小，又可能导致诊断结果中存在过多伪演化轨迹，从而出现错诊。因此，在实际应用中，同步度 θ 的取值应该依赖于系统模型的完备程度。下面讨论一种根据系统模型中路径完备度设置不同 θ 取值的方法。

定义 3.4（路径完备度）：假设自动机 G 为一个完备的系统模型，G' 为一个不完备的系统模型，对于 G' 中的任一条路径 t'，在 G 中存在一个与 t' 相应的完备路径集合 S，则路径 t' 的完备度定义为 t' 中可观测事件与 S 中所有路径中的可观测事件基数比的最小值。即 $cp(t') = \min(\{|t'_{Obs}|/|t_{Obs}|\})$。

在实际系统设计中，如果在得到系统不完备模型基础上，能够进一步给出系统模型中各条路径的完备度，那么，在使用 θ 同步积求解诊断结果时，θ 可以取值为路径完备度，即对于广义同步积结果中的任一条同步路径，若其同步度不小于该路径在系统模型中的完备度，则该同步路径可以保留为系统演化的一条路径，否则应予以消除。系统模型中各路径的完备度可以根据近似经验值或者专家评估获得。下面通过一个例子说明根据系统路径完备度动态设置 θ 值的结果，并与静态设置 θ 值进行比较。

假设给定一个系统不完备模型 G 和实际观测自动机 Obs 分别如图 3 – 7

（a）和图 3 - 7（b）所示，则它们广义同步积结果如图 3 - 7（c）所示。

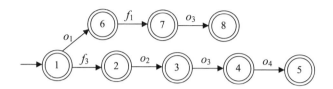

图 3 - 7（a）　　系统不完备模型 *G*

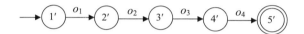

图 3 - 7（b）　　观测自动机 *Obs*

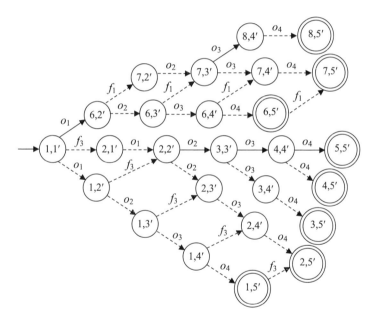

图 3 - 7（c）　　*G* × *Obs*

若使用 θ 同步积求解系统诊断结果，当 θ 取值为 1/4 时，广义同步积中的所有包含同步事件的轨迹都将保留在诊断结果中，如图 3 - 8（a）所示，但其中可能包含了较多的伪演化轨迹；而当 θ 取值为 3/4 时（广义同步积中路径同步度最大值），诊断结果将消除大部分演化轨迹，如图 3 - 8（b）所示，此时诊断结果更加精确，但也可能因此消除了某些可能的演化轨迹，例如，可能导致故障 f_1 的漏诊。

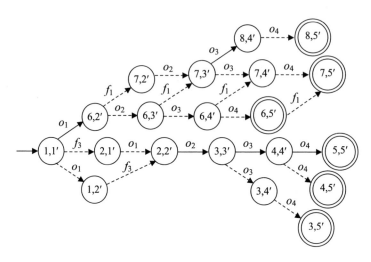

图 3 - 8（a） $\theta = 1/4$

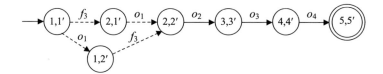

图 3 - 8（b） $\theta = 3/4$

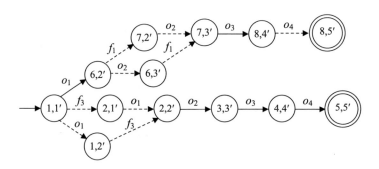

图 3 - 8（c） $\theta(f_1) = 1/4$，$\theta(f_3) = 3/4$

根据前面路径完备度的定义，如果在诊断之前能够获得系统模型中路径的完备度情况，那么就可以根据系统模型中路径不同的完备度设置广义同步积结果中对应路径不同的同步度，使广义同步积中每条路径的同步度不小于其相应路径在系统模型中的完备度,便可得到更加精确的诊断结果。

例如,在图 3 - 7 (a)所示的系统不完备模型中,假设根据经验或者专家评估,获得故障 f_1 签名的完备度为 1/4,故障 f_3 签名的完备度为 3/4,则在 G 和 Obs 广义同步积结果中,对于所有出现故障 f_1 的路径,设置 $\theta = 1/4$,对于所有出现故障 f_3 的路径,设置 $\theta = 3/4$,这样便可得到如图 3 - 8 (c)所示的系统诊断结果。图 3 - 8 (c)与图 3 - 8 (b)的区别在于,图 3 - 8 (c)通过针对不同路径采用不同的同步度设置,在消除大部分伪演化路径的同时,能够保留故障 f_1 的可能演化路径,从而不会导致故障 f_1 的漏诊,这对于任务关键系统是十分有意义的。

3.5　一种基于观测序列的系统模型演化方法

计算系统的离散事件模型是本书所讨论自愈性的重要基础,因此,系统模型的完备性至关重要。对于实际中的复杂计算系统,我们一般很难得到一个完备的系统模型,此外,系统模型也可能随着系统运行环境的变化而发生演化,针对这一问题,本节主要讨论对于一个给定不完备的系统模型,如何根据系统运行中的观测序列对其进行演化,从而使系统模型逐步完备。

3.5.1　系统模型演化方法的基本思想

在系统模型不完备情况下,系统演化的真实路径中可能存在不可观测的故障事件以及未发现的可观测事件,从而导致实际观测序列并不能够完全代表系统演化的精确路径,但它对系统演化过程仍然具有重要的参考价值,它能够代表系统运行的方向或者系统运行片段,观测序列中的事件也必然存在于系统运行的真实路径之中。因此,系统运行过程中的实际观测序列对完备系统模型具有重要参考价值。

本节提出的系统模型演化的基本思想是:对于系统运行过程中的任一实

际观测序列，通过该观测序列与不完备的系统模型的广义同步积可以得到系统在该观测序列下所有可能的演化路径或者轨迹（若观测序列为一个完整序列，则它与系统不完备模型的广义同步积为所有可能的演化路径；若观测序列为一个不完整序列，则它与不完备的系统模型的广义同步积为所有可能的演化轨迹）。得到系统所有可能的演化路径或者轨迹后，其中同步度最大的路径或者轨迹代表了系统与观测序列最吻合的演化过程。根据同步度最大的路径或者轨迹与系统模型中相应路径对比，通过添加可观测事件（转移标签），并补充相应状态，从而逐步完善系统模型，使系统模型与可观测序列同步积不为空，即广义同步积中同步度最大值达到 1。

3.5.2　根据观测序列完备系统模型的算法

根据前文系统模型演化的基本思想，我们给出一种通过观测序列完备系统模型的算法，如表 3－1 所示。

表 3－1　　　算法 3－1——根据观测序列完备系统模型的算法

输入：系统不完备模型自动机 Mod，观测自动机 Obs
输出：完备后的系统模型自动机 Mod^+
L0：\{初始化；//读取模型自动机 Mod，观测自动机 Obs，初始化系统模型自动机中所有路径标记 $mark$ 置为 1
L1：$for\ (i=0;\ i<M;\ i++)$　　//循环读取 Obs 中每条轨迹
L2：$s_i \in Obs$
L3：$S_{max}^o=0,\ p=0,\ t_{max}=\phi;$
L4：$for\ (j=0;\ j<N;\ j++)$ \{　//计算 Mod 中路径与 Obs 中轨迹的广义同步积
L5：$t_j \in Mod$
L6：$G_{ij}=t_j \times s_i;$
L7：$for\ (k=0;\ k<K;\ k++)$ \{　//获取广义同步积中同步度最大路径
L8：$t_k \in G_{ij}$
L9：$if\ (S^o\ (t_k)\ >\ S_{max}^o)$ \{

续表

L10: $S^o_{max} = S^o (t_k)$;
L11: $p = j$;
L12: $t_{max} = t_k$;
L13:　　　　}
L14:　　　}
L15:　　}
L16: if $(S^o_{max} = = 1)$ {
L17: $t_p..mark = 1$;
L18:　　} else {
L19: Mod' $= Mod + t_{max}$　　//扩充模型自动机，增加路径 t_{max}
L20: $t_p..mark = 0$;
L21: $t_{max}.mark = 1$;
L22:　　}
L23:　}
L24: $Mod^+ = form$ (Mod'); 规约扩充后自动机，得到完备后的系统模型自动机 Mod^+
L25:}
L26: $from$ (Mod') {
L27: for $(t_i \in Mod')$ {
L28: if $(t_i..mark = 0)$
L29: $delete$ t_i;
L30:　}
L31:　}
L32:}

该算法首先针对观测序列的每条路径或者轨迹，计算系统原始模型自动机与该路径或者轨迹的广义同步积，找出广义同步积中同步度最大的路径，然后将该路径添加到系统原始模型自动机，并将该路径标记 *mark* 置为 1，同时将系统原始模型自动机中对应的路径标记 *mark* 置为 0。需要注意的是，标

记 mark 被置为 0 的系统原始模型自动机中的路径在后续继续求解过程中有可能再次被置为 1，从而不被删除。这样做的主要原因是，在系统原始模型中找到的与某一观测序列最大同步的路径，有可能与后续其他观测序列的同步度更大，甚至为 1，这时，该路径的标记 mark 将再次被置为 1，从而得以保留。这说明该路径仍然能够作为系统的真实演化路径，只不过它与另一条演化路径相近。

该算法中函数 form（Mod'）的功能是在系统模型扩充完成后，删除扩充后自动机中所有标记 mark 为 0 的路径。在实际应用中，如果实际观测序列不充分，或者每次得到的实际观测序列只是充分观测序列集合的一个子集，则函数 form（Mod'）可以根据实际情况在观测序列完备或者较完备之后执行。因为在观测序列不完备情况下，函数 form（Mod'）的执行有可能导致删除部分系统正常演化路径。

对于该算法复杂度问题，设 m 为系统原始模型中的轨迹数目，n 为获得的观测序列数目，则该算法的时间复杂度为 $O（m*n）$。

以上根据实际观测序列完备系统模型的算法对于基于 θ 同步积的系统诊断方法同样具有指导意义。在系统模型不断演化和完备的同时，系统模型中的各路径完备度也同样在演化与提高，因此，在系统诊断过程中，θ 取值应随着系统模型完备度的演化与提高而动态调整，对于 θ 值随系统模型不断演化和完备动态调整或者学习的方法，有待于后续进一步研究。

3.6　实例分析与讨论

假设某计算系统不完备原始模型 G 如图 3-9（a）所示，其中，f_1，f_2，f_3 为不可观测的故障事件；o_1，$\cdots$，o_7 为可观测事件。现假设在系统实际运行过程中获得的观测序列如下：

obs_1：　$<o_1 o_3 o_4 o_5 o_6>$

obs_2：　$<o_2 o_3 o_4 o_5 o_6 o_7>$

obs_3： $< o_2 o_4 o_5 o_6 >$

obs_4： $< o_2 o_5 o_7 o_8 >$

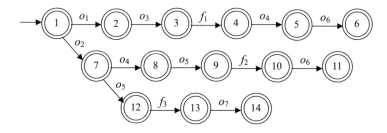

图 3 - 9 (a)　系统不完备模型 *G*

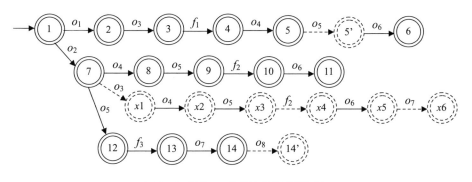

图 3 - 9 (b)　系统演化后模型 *G* ⁺

则系统模型的完备过程如下：

（1）对于每一个观测序列，使系统原始模型自动机与该观测序列进行广义同步积操作，根据它们广义同步积结果，找出其中同步度最大的路径以及该路径所对应的系统原始模型自动机中的路径。

①对于观测序列 obs_1： $< o_1 o_3 o_4 o_5 o_6 >$，系统模型自动机与该观测序列的广义同步积结果中，同步度最大的路径为 $< o_1 o_3 f_1 o_4 o_5 o_6 >$，其同步度为 4/5，该路径对应的系统原始模型自动机中路径为 $< o_1 o_3 f_1 o_4 o_6 >$。于是，将路径 $< o_1 o_3 f_1 o_4 o_5 o_6 >$ 添加到系统原始模型自动机中，并将其标记 *mark* 置为 1，将系统模型自动机中相应路径 $< o_1 o_3 f_1 o_4 o_6 >$ 标记 *mark* 置为 0。

②对于观测序列 obs_2： $< o_2 o_3 o_4 o_5 o_6 o_7 >$，系统原始模型自动机与该观测序列的广义同步积结果中，同步度最大的路径为 $< o_2 o_3 o_4 o_5 f_2 o_6 o_7 >$，其同步

度为 4/6，该路径对应系统原始模型自动机中路径为 $<o_2 o_4 o_5 f_2 o_6>$。于是，将路径 $<o_2 o_3 o_4 o_5 f_2 o_6 o_7>$ 添加到系统原始模型自动机中，并将其标记 *mark* 置为 1，将系统原始模型自动机中相应路径 $<o_2 o_4 o_5 f_2 o_6>$ 标记 *mark* 置为 0。

③对于观测序列 obs_3：$<o_2 o_4 o_5 o_6>$，系统原始模型自动机与该观测序列的广义同步积结果中，同步度最大的路径为 $<o_2 o_4 o_5 f_2 o_6>$，其同步度为 1，该路径对应系统模型自动机中路径为 $<o_2 o_4 o_5 f_2 o_6>$。于是，将系统原始模型自动机中相应路径 $<o_2 o_4 o_5 f_2 o_6>$ 标记 *mark* 置为 1。

④对于观测序列 obs_4：$<o_2 o_5 o_7 o_8>$，系统原始模型自动机与该观测序列的广义同步积结果中，同步度最大的路径为 $<o_2 o_5 f_3 o_7 o_8>$，其同步度为 3/4，该路径对应系统原始模型自动机中路径为 $<o_2 o_5 f_3 o_7>$。于是，将路径 $<o_2 o_5 f_3 o_7 o_8>$ 添加到系统原始模型自动机中，并将其标记 *mark* 置为 1，将系统原始模型自动机中相应路径 $<o_2 o_5 f_3 o_7>$ 标记 *mark* 置为 0。

（2）删除添加路径后系统模型自动机中所有路径标记 *mark* 为 0 的路径，得到完备后系的统模型自动机，如图 3-9（b）所示。需要注意的是，对于系统原始模型自动机中的路径 $<o_2 o_4 o_5 f_2 o_6>$，在根据观测序列 obs_2：$<o_2 o_3 o_4 o_5 o_6 o_7>$ 演化过程中，其 *mark* 被置为 0，但随后根据观测序列 obs_3：$<o_2 o_4 o_5 o_6>$ 的演化过程中，由于该路径与观测序列 obs_3 完全吻合，其 *mark* 再次被置为 1，因此，该路径最终不会被删除。

在系统离散事件系统模型逐步完备的同时，系统中的故障签名也将随之变化。在实际应用中，如果仅仅研究故障签名的演化，可以将某故障的所有签名看作一个自动机，同样可以采用根据观测序列完备系统模型的算法，根据系统运行中的观测序列来完备不同故障的签名。

故障签名演化之后，故障模型也应随之演化，从而为计算系统自愈性评价提供更准确的参照。但故障模型演化除了与故障签名相关外，还与故障模型的构造方法相关，这些内容还有待于后续的进一步研究，在此暂不讨论。

3.7   本章小结

本章研究了不完备模型下的系统诊断以及系统模型的演化问题。针对不完备模型下的系统诊断问题，提出了基于 θ 同步积求解系统诊断方法，通过实例分析，验证了所提出方法在系统模型不完备情况下的有效性。尤其在系统不完备模型中路径完备度可知情况下，该方法能够在消除大部分伪演化路径的同时，减小漏诊情况。针对系统模型的演化问题，本章还提出了一种基于实际观测事件序列完备系统模型的方法。最后，通过实例分析验证了所提出的完备系统模型方法的有效性，并说明了该方法对于完备系统故障签名甚至故障模型的适用性。

第4章

自愈计算系统体系结构

首先，根据自愈计算系统相比一般软件系统所具有的明显特点，通过类比生物系统自愈阶段与过程，给出了自愈计算系统的概念模型，明确了自愈各阶段与过程，并描述了自愈各阶段的主要任务。其次，在概念模型基础上，针对当前自愈计算系统体系结构描述所存在的问题，将故障模型与策略库纳入自愈系统组成部分，提出了将自愈计算系统描述为由功能层、故障模型、自愈层和策略库构成的四元组结构 $<F, MF, H, P>$，并进一步详细描述了各元组的详细结构及其之间的交互。最后，描述了自愈计算系统在所提出体系结构下的自愈过程。

4.1 引言

Edsger Dijkston 于 1968 年首次提出了软件体系结构（Software Architecture，SA）的概念，以期解决从软件需求到软件实现的平坦过渡问题。随着软件应用的普及与日趋复杂，软件体系结构在软件系统的设计、复用、演化和管理等方面的作用也越来越重要。

作为控制软件复杂性、提高软件系统质量、支持软件开发和复用的重要手段之一，软件体系结构近年来日益受到软件研究者和实践者的关注，并发展成为软件工程的一个重要的研究领域。文献[124-125]较为全面地总结了近15年来研究人员在软件体系结构方面取得的重要研究与实践成果。

传统软件体系结构定义是一种针对软件系统普遍适用的定义，本书所讨论的自愈计算系统属于软件系统范畴，因此，传统软件体系结构定义同样适用于自愈计算系统。但是，自愈计算系统与一般软件系统相比，又有着明显的特点，它在要求软件系统完成正常功能需求的同时，更强调系统具备故障自我发现与修复的能力。传统软件体系结构定义在满足普遍适用的同时，却无法很好地体现自愈计算系统的组成及其之间的交互、系统自愈阶段和过程。

随着越来越多的研究人员和工程技术人员开始设计与实现自愈计算系统，以期解决各自领域遇到的问题，自愈计算系统体系结构描述也变得越来越重要。目前，计算系统"自愈"的概念与内涵、阶段与过程等内容仍处于研究中，人们对自愈计算系统体系结构的研究也处于初步阶段，没有形成体系结构统一的定义与描述；缺乏有效的体系结构设计方法；无法基于体系结构检查设计的一致性与完整性方法；缺乏基于体系结构的系统自愈性评价方法；缺少自愈计算系统体系结构开发环境和工具等。这些问题都是自愈计算系统体系结构中需要研究的内容。

针对这些问题，本章重点研究自愈计算系统体系结构的统一定义与描述，给出自愈计算系统的组成及其之间的交互，并在此基础上给出系统自愈过程描述。

4.2　自愈计算系统概念模型

自愈的概念起源于生物领域，根据生物领域生物体的自愈过程描述，可以将自愈过程分为四个阶段：监控（Monitor）阶段、故障诊断（Diagnose）阶段、故障控制（Control）阶段和故障修复（Repair）。参照生物体的自愈过程和阶段，结合当前研究成果，本书将自愈计算系统概念模型描述为由功能层与自愈层组成的复合结构，并将自愈层描述为由以上四个阶段组成的封闭循环结构，如图 4 - 1 所示。

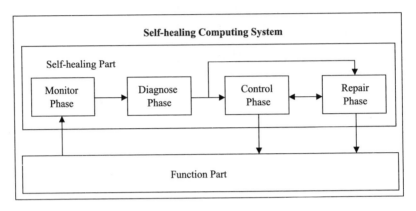

图 4 - 1　自愈计算系统概念模型

在图 4 - 1 所示的自愈计算系统概念模型中，自愈层各阶段的主要任务描述如下：

（1）监控（Monitor）阶段。其主要任务是收集系统运行过程中的行为与状态信息，并将其发送至故障诊断阶段。

（2）故障诊断（Diagnose）阶段。其主要任务是根据监控阶段获得的系统行为与状态信息诊断故障的发生、分析故障类型以及故障对系统的影响，并试图定位故障。

（3）故障控制（Control）阶段。其主要任务是控制故障扩散与传播，以阻止更多级联故障发生，从而避免系统失效。

（4）故障修复（Repair）阶段。其主要任务是根据故障诊断结果，生成合适的修复计划并作用于系统，使系统恢复至正常状态，持续提供服务。

在图 4 - 1 所示的自愈计算系统概念模型中，并没有详细描述自愈部分各阶段的组成与结构，它仅是一个抽象层次的通用模型，但其为更好地理解自愈计算系统提供了参考，为自愈计算系统体系结构进一步描述与定义提供了基础。

4.3 自愈计算系统体系结构

4.3.1 当前自愈计算系统体系结构描述存在的问题

C. Wang 等人在文献[126]中针对不稳定网络环境提出了一种自愈系统体系结构，根据网络环境的特点，将自愈层结构描述为四元组 < *Heart*，*Sensor*，*Evolve*，*Replicate* >，并通过案例给出了这种体系结构下网络路由的自愈过程描述。M. Elhadi 等人在文献[127]中提出了一种基于生物激发的自愈系统体系结构，并对体系结构的组成、交互以及约束进行了描述。S. Changting 等人在文献[127]提出的自愈系统体系结构基础上，针对自主水下交通（Autonomous Underwater Vehicle，AUV），基于微重启技术进一步描述了这种分层的自愈系统体系结构[128]。E. M. Dashofy 等人在文献[45]中基于软件体系结构本身提出了一种自愈系统体系结构，通过对软件运行过程中体系结构变化的监控与重配置完成自愈过程。A. C. Estwick 在其博士论文[50]中同样以软件体系结构为基础提出了一种自愈软件系统体系结构，并在业务规则引擎（Business Rules Engine）和规则库的支持下，通过对软件运行过程中体系结构变化的监控与重配置实现自愈过程。E. Vassev 等人长期从事自主计算研究，在文献[129]中提出了一种自主计算系统体系结构描述语言——ASSL（Autonomic System Specification Language）。ASSL 主要针对自主计算系统描述，仅仅把自愈作为系统的一个属性描述，语言本身并不支持自愈阶段与过程描述。

当前研究针对自愈计算系统体系结构描述取得了一些成果，但仍然存在以下不足之处：

（1）当前研究人员针对自愈计算系统体系结构的研究，大部分是基于特定环境与应用的，例如，基于网络路由、交通等方面应用，这使这些体系结构描述适用性不强，具有较大局限性。

（2）当前研究对自愈各阶段的组成和各组成部分之间的交互以及约束描述仍然不够完善，尤其对自愈各阶段的交互接口缺乏描述。

（3）自愈计算系统体系结构中的各组成部分需要相关结构的支持（例如，IBM 提出的 MAPE—K 模型将知识（Knowledge）纳入了其中），但当前大部分研究并没有将自愈系统各组成部分的支持结构纳入体系结构，这使自愈计算系统体系结构缺乏实现与评价方法。

本章结合当前研究成果，将自愈计算系统看作功能层与自愈层结合的复合系统，同时，将故障模型与修复策略库两个自愈过程支持结构纳入体系结构之中，从而将自愈计算系统体系结构描述为由功能层 F、故障模型 M_F、自愈层 H 和自愈策略库 P 组成的四元组，在此基础上明确给出了自愈层各阶段组成以及组成部分之间的交互和接口，并进一步描述了自愈过程。

4.3.2   自愈计算系统体系结构描述

定义 4.1（自愈计算系统体系结构）：自愈计算系统体系结构 S 表示为一个四元组，即：

$$S = <F, M_F, H, P>$$

其中，F 表示计算系统功能模型；M_F 表示计算系统故障模型；H 表示计算系统自愈模型；P 表示自愈策略库。

（1）对于自愈计算系统功能模型 F，其体系结构与建模方法与一般计算系统并不存在较大区别，因此，可以采用一般计算系统体系结构描述与建模方法。当前研究人员针对一般软件体系结构与建模方法已经进行了大量研究，并提出了多种描述与建模方法，如 ADL 和 UML 等。本书不详细讨论功能层体系结构，而重点讨论故障模型与自愈部分的体系结构。

（2）对于计算系统故障模型 M_F，本书在第 2 章定义 2.22 中将其描述为一颗带权的无序平衡树 $T < root, (T_i, w_i) >$，主要针对故障模型 M_F 的外部结构与表示进行了描述，其目的是为计算系统自愈性评价提供基础，本章在此基础上进一步对故障模型 M_F 中节点的内部结构进行描述，使其进一步可以作为系统自愈层监控阶段和诊断阶段的设计依据，并为故障模型 M_F 完整实现提供参考。

故障模型 M_F 中的故障节点 Node 可以描述为六元组，即：

$Node = <ID, A, S, Level, CONS, Color>$

其中：

①ID 表示故障节点标识，在故障模型 M_F 内唯一。

②A 表示故障节点属性，为用户自定义向量类型，即 $A = <A_1, A_2, \cdots A_n>$。当前一些研究针对故障属性描述提出了不同观点，这些观点涉及故障描述的诸多属性，例如，故障持续时间、故障粒度、故障来源、故障严重程度，故障对系统影响等，但人们对这些故障描述属性并未形成统一认识。此外，在不同类型系统中，用户对故障属性描述会不同，一些属性可能涉及应用业务与场景。因此，本书将故障属性描述中与自愈密切相关的两个属性——故障严重程度和故障对系统的影响提取出来，作为其必要属性，而将其余属性留给用户自定义。故障节点自定义类型的属性向量为用户描述故障提供了充分的灵活性。

③S 表示故障节点在计算系统 $G = (X, \sum, \delta, x_0)$ 语言 L 下的签名的集合，故障签名可以定义为一个四元组 $<ID, Events, Type, TrigEvents>$，其中：

a. ID 表示故障签名标识，在故障模型 M_F 节点 F 内唯一。

b. Events 表示故障签名的事件序列，为线性表结构类型。

c. Type 表示签名类型，为系统定义枚举类型。根据本书第 2 章的讨论，此处定义三种签名类型，分别为一般签名（G）、特征签名（C）和触发后特征签名（TC）。

d. TrigEvents 表示触发后特征签名的触发事件集合，为集合类型。一般签名与特征签名的触发事件集合为空集。

④Level 表示故障级别，用户自定义枚举类型。表示故障的严重或紧迫程度，为自愈模型中的控制阶段和自愈策略提供参考。

⑤CONS 表示故障对计算系统影响的集合。故障对计算系统的影响表示故障发生后可能对计算系统造成的后果，可以描述为二元组 $<P, T, m>$，其中，P 表示计算系统性能参数集合；T 为用户定义枚举类型，表示参数变

化趋势；m 为 P 到 T 的映射，即 m：$P{\rightarrow}T$。

⑥$Color$ 表示节点涂色（可诊断/可修复/自愈）状态，为系统定义枚举类型。根据第 2 章定义，此处定义节点三种涂色（状态），分别为 Y（黄色）表示节点可诊断，B（蓝色）表示节点可修复，G（绿色）则表示节点为黄色与蓝色的叠加，即可自愈。

故障模型 M_F 是连接系统功能层模型与自愈层模型的桥梁，是系统自愈层的设计依据，在框架中具有重要地位，尤其对系统最终设计与实现结果评价具有重要影响。

（3）对于自愈层模型 H，将其描述为四元组，即：

$H = <Monitor，Diagnoser，Cotroller，Repairer>$

其中：

①$Monitor$ 为监控器，表示为三元组 $<Sensors，Detector，Constrains>$，其中：

a. $Sensors$ 表示系统中部署的传感器集合。传感器可以定义为计算系统 $G = (X，\sum，\delta，x_0)$ 在状态 X 下的输出映射：s：$X{\rightarrow}Y_j$。其中：Y_j 表示第 j 个传感器可能的输出集合。假设系统中部署了 n 个传感器，令 $Y = \prod_{j=1}^{n} Y_j$ 表示所有传感器可能的输出集合。

b. $Detector$ 表示系统探测器，定义为传感器输出集合到计算系统 $G = (X，\sum，\delta，x_0)$ 在语言 L 下输出事件集合的映射：d：$Y{\rightarrow}\sum$，它以传感器输出作为输入，输出为系统可观测事件。

c. $Constrains$ 表示监控器中传感器和探测器设计约束。根据第 2 章中关于计算系统可诊断性条件的讨论，在计算系统 $G = (X，\sum，\delta，x_0)$ 的语言 L 下，故障模型 M_F 中故障节点的可诊断性判定是基于故障特征签名的，因此，为了故障模型 M_F 中使那些具备可诊断性的故障节点最终能够被诊断，传感器与探测器的设计应该满足捕获故障模型 M_F 中所有可诊断故障节点所有特征签名中的事件，即对于故障模型中的任一可诊断故障节点，应对应存在一组传感器，使探测器可以根据这组传感器输出确定该故障事件的发生，具体如下：

$$(\forall D(F_i) \in M_F)[\forall s \in S(F_i)](\forall \sigma \in s)(\exists m \in N) \Rightarrow D$$

其中：约束条件 D 为：

$$(Sensor1 , Sensor2 , \cdots , Sensorm) \rightarrow d(\prod_1^m Y_j) = \sigma$$

以上约束是在一般情况下监控器设计应该满足的最低要求，当然，对于不同的实际系统，用户也可以适当放宽这一约束。例如，对于那些用户认为并不重要的可诊断故障，考虑到技术约束和系统开销因素，也可能在设计中并不对其特征签名进行监控，从而不满足以上约束条件。

根据第 2 章的讨论，故障模型中还可能会存在触发可诊断故障，对于这类故障，在系统实际设计中，可能会采取不同处理措施。例如，对于那些可能对系统造成严重后果的触发可诊断故障，其触发特征签名中的故障事件也应该满足监控约束，以便系统能够在特定时刻或场景下及时诊断到该类故障的发生，避免造成严重后果。

故障签名，尤其是故障特征签名中的事件对于故障诊断具有重要作用，因为这些具备特征签名的故障具有偶然可诊断性。在传感器与探测器的设计中，应该尽可能捕获故障模型 M_F 中所有故障节点所有特征签名事件，从而为故障诊断阶段提供充分设计依据。

根据以上关于监控器的描述，图 4－2 说明了监控器 *Monitor* 的结构及其监控过程。

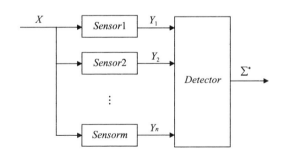

图 4－2 监控器 *Monitor* 结构示意图

②*Diagnoser* 为故障诊断器，表示为二元组 ＜ *FI*, *FL* ＞，其中：

a. *FI*（Fault Identifier）为故障标识器，负责接收监控器输出的事件序列，根据故障模型 M_F 识别故障发生的节点，并保留故障模型 M_F 中从根节点经该故障节点到所有叶子节点的路径，生成诊断故障模型 M_F^D，M_F^D 为故障模型 M_F 的子树，节点表示被诊断出发生的故障及其在故障模型 M_F 中的路径。

b. *FL*（Fault Locclizer）为故障定位器，负责根据功能层模型 *F* 与诊断故障模型 M_F^D 定位可能发生故障的组件，并创建故障组件列表 *FCS*。

故障诊断器 *Diagnoser* 的结构及其诊断过程如图 4 - 3 所示。

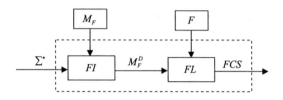

图 4 - 3　故障诊断器 *Diagnoser* 结构示意图

③*Controller* 为故障控制器，表示为二元组 < *ED*，*EI* > ，其中：

a. *ED*（Expansion Detector）为故障传播检测器，负责分析功能层模型创建两个组件列表——*SCS* 与 *RCS*。*SCS* 是所有向故障组件列表 *FCS* 中故障组件发送消息的组件列表，*RCS* 是所有接收故障组件列表 *FCS* 中故障组件消息的组件列表。

b. *EI*（Expansion Isolator）为故障隔离器，负责根据 *ED* 生成的两个故障传播列表 *SCS* 与 *RCS*，阻止故障组件与其他组件的交互，并且在故障修复后负责重新开启修复后的故障组件与其他组件的交互。

系统在运行过程中，构成系统的组件之间存在交互行为，某个组件发生故障，可能会导致与其存在交互行为的组件发生故障，如图 4 - 4 所示。

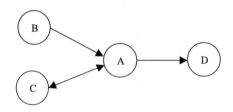

图 4 - 4　组件交互示例图

在图 4-4 中，在系统正常运行情况下，组件 A 接收组件 B 和 C 发送来的消息，向组件 C 和 D 发送消息。当组件 A 发生故障时，它将不能正常接收其他组件发送来的消息，那么组件 A 就有可能发送出错误的消息，这可能导致组件 C 和 D 出现故障。在这种情况下，组件 B 和 C 将被添加到 SCS 列表，组件 C 和 D 将被添加到 RCS 列表。故障隔离器 EI 将根据这两个列表阻止组件 A 与组件 B、C 和 D 的消息传递。

④Repairer 为故障修复器，表示为二元组 < RPG，Effectors >，其中：

a. RPG（Repair Plan Generator）为修复计划生成器，负责根据诊断故障模型 M_F^D 与自愈策略库生成修复计划 $\sum_A$。

b. Effectors 为效应器，负责根据修复计划中的行为作用于计算系统。

对于那些可以准确诊断并定位的故障，修复计划可能是针对特定组件的行为序列；对于那些无法准确诊断并定位的故障，修复计划可能是针对系统整体的行为序列，修复计划的生成依赖于自愈策略库中的策略定义。图 4-5 说明了故障修复器 Repairer 的结构及其修复过程。

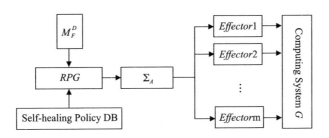

图 4-5 故障修复器 Repairer 的结构及其修复过程示意图

（4）对于自愈策略，当前研究人员从基于知识模型的方法和基于数学模型的方法两个方面展开了研究，并提出了多种策略表示方法，但由于不同计算系统的特点各异，可能采用的自愈策略也各不相同，因此，目前并没有形成对自愈策略的统一定义与描述。当前的自愈策略仍然依赖于人们对特定故障的认识以及先验修复经验，本书将人们对故障修复的先验经验统一以策略库 P 表示，而将策略的表示形式留待系统设计阶段定义。修复策略库和故障模型共同为故障修复计划生成提供支持。

根据以上描述，自愈计算系统体系结构的组成部分以及各组成部分之间的交互如图 4 -6 所示。

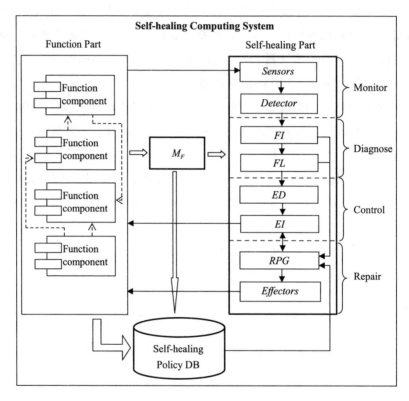

图 4 -6   自愈计算系统体系结构图

\\4.4   自愈过程描述

基于离散事件模型的计算系统 $G = (X, \sum, \delta, x_0)$ 在定义 3.1 （广义同步积）所描述的体系结构下，系统自愈过程如图 4 -7 所示。

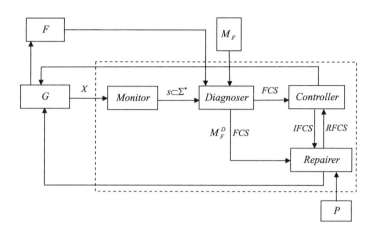

图 4 – 7　自愈计算系统自愈过程示意图

（1）监控阶段。计算系统 G 在运行过程中状态持续发生变化，监控器 *Monitor* 通过部署的传感器组 *Sensors* 监测系统状态，获得并输出系统状态变化，探测器 *Detector* 根据传感器组输出的系统状态变化，将其映射为可观测事件，并在系统运行过程中持续输出系统中发生的可观测事件序列 s（$s \subset \Sigma^*$）。

（2）诊断阶段。诊断器 *Diagnoser* 接收监控器 *Monitor* 输出的可观测事件序列 s。其中，故障标识器 *FI* 通过将 s 与故障模型 M_F 中故障节点的签名集合 S 对比，得到诊断故障模型 M_F^D，并输出到修复器 *Repairer*；故障定位器 *FL* 根据故障模型 M_F^D 中故障节点 *CONS* 属性以及用户自定义属性，结合系统功能层模型 F，尝试定位可能发生故障的组件，创建故障组件列表 *FCS*，并输出至控制器 *Controller* 和修复器 *Repairer*。

（3）控制阶段。控制器 *Controller* 接收诊断器输出的故障组件列表 *FCS*，故障传播检测器 *ED* 根据 *FCS* 生成故障传播列表 *SCS* 与 *RCS*，故障隔离器 *EI* 根据 *SCS* 与 *RCS* 尝试隔离故障组件与其他组件的交互，或者采取其他策略控制系统进一步恶化，并生成隔离组件列表 *IFCS* 输出至修复器 *Repairer*，为修复器选择修复策略提供支持。

（4）修复阶段。修复器 *Repairer* 根据诊断器 *Diagnoser* 输出的 *FCS* 与 M_F^D，以及控制器 *Controller* 输出的 *IFCS*，选择合适修复策略对 *FCS* 中的故障

组件和故障模型 M_F^D 进行修复，并生成修复后组件列表 *RFCS* 反馈至控制器 *Controller*，控制器 *Controller* 根据反馈的修复组件列表解除相关组件隔离，使其正常运行。

4.5　体系结构的优点

本章所提出的自愈计算系统体系结构具有如下优点：

（1）将功能层与自愈层分离，使体系结构容易理解，并为支持自愈组件复用以及设计模型的复用提供了基础。

（2）将故障模型纳入体系结构，为自愈层的监控器设计提供了目标参考，为确定监控的系统行为和状态信息提供了支持；为故障诊断器的故障诊断提供了依据（故障特征签名），并为故障诊断结果提供了输出模型（故障模型子树）；故障模型的引入支持了基于模型的系统自愈性分析与系统演化。

（3）将修复策略库纳入体系结构，为故障修复阶段故障修复计划生成提供了支持，这种自愈策略与功能模型的松耦合关系便于系统维护。

（4）体系结构详细描述了自愈过程中各阶段的组成及其之间的交互。

（5）将控制阶段纳入了自愈过程，为避免系统自愈过程中的进一步失效提供了支持。

4.6　本章小结

本章针对当前自愈计算系统体系结构描述所存在的问题，通过类比生物系统自愈过程给出了自愈计算系统的概念模型，在此基础上进一步提出了将自愈计算系统体系结构描述为由功能层、故障模型、自愈层和策略库构成的四元组结构 $<F, M_F, H, P>$，并对各构成部分的组成及其之间的交互接口进行了详细描述，给出了自愈过程描述。本章所提出的自愈计算系统体系结构及其描述，给出了各组成部分之间交互的详细接口定义以及设计约束，易于理解，便于维护，能够有效地支持基于模型的系统自愈性分析以及自愈策略复用和系统演化。

第 5 章

以故障模型为中心的自愈计算系统设计方法

首先，针对自愈计算系统设计过程中功能层与自愈层交织所带来的系统设计复杂性问题，提出了一种横向模型驱动的自愈计算系统设计思想，并给出了一种以故障模型为中心的自愈计算系统设计与实现方法。然后，通过一个捷联惯性导航仿真软件的设计与实现，验证了所提出的自愈计算系统设计与实现方法的有效性。

5.1 引言

在第 4 章自愈计算系统体系结构描述中将系统自愈层与功能层结构清晰隔离，然而对于实际计算系统，自愈层与功能层往往是交织在一起的复杂系统，就像生物体一样，经过上亿年进化，生物体的功能层与自愈层已经完全有机地融为一体。这种功能层与自愈层的交织给本身已经越来越复杂的计算系统设计与实现带来了严峻考验。

自愈计算系统设计过程中，在分析与设计系统功能层模型的同时，不得不分散精力考虑系统自愈层模型（包括监控器、诊断器、控制器与修复器）的分析与设计。诸如需要在哪些地方，部署多少传感器，以获取系统故障诊断需要的信息；控制与修复操作在功能层模型中接入点以及自愈行为设计等问题，都需要在功能层设计的同时予以考虑。

随着越来越多自愈层行为的加入，系统自愈层模型与功能层模型的交织也将越来越复杂，这使设计过程很容易陷入反复与混乱。即使我们通过多次反复工作与不懈努力最终完成了设计，如何对系统设计结果的自愈性或者自愈程度进行评价又将是一个需要解决的困难问题。

随后，系统设计结果中功能层与自愈层模型的紧密交织将进一步导致系统实现时代码缠绕的问题，进而增加系统演化的难度，同时也妨碍系统的可理解性、可重用性以及可追溯性。此外，功能层与自愈层的代码缠绕也使系统中可能存在更多的潜在缺陷。

5.2　自愈计算系统横向模型驱动设计思想

当前，软件设计与开发对象管理组织（Object Management Group，OMG）提出的模型驱动架构（Model Driven Architecture，MDA）是以模型为中心的软件开发方法学，以解决软件系统设计中应用逻辑、平台特性和业务的交织问题。MDA 的思想是以模型为软件系统开发过程的中心，将软件系统开发过程划分为不同阶段，构建不同层次的模型，从而将系统业务、应用逻辑以及平台技术分离开来，进而提高软件开发效率，增强软件的可移植性、演化性、可维护性以及可追溯性。当前 MDA 方法根据软件开发过程，在纵向上将系统模型划分为计算无关模型（Computation Independent Model，CIM）、平台无关模型（Platform Independent Model，PIM）和平台相关模型（Platform Specific Model，PSM）。

对于自愈计算系统，横向上自愈层与功能层的交织同样给系统设计带来了可移植性、演化性、可维护性以及可追溯性的问题。因此，本书借鉴 MDA 的思想，提出了一种自愈计算系统横向模型驱动设计思想，如图 5 - 1 所示。该设计思想从横向上将自愈计算系统的功能层模型与自愈层模型加以划分与隔离，从而可以对隔离后的两部分进行分别建模与实现，随后，根据需要通过不同层次的模型组合或者代码编织得到系统整体模型或代码。

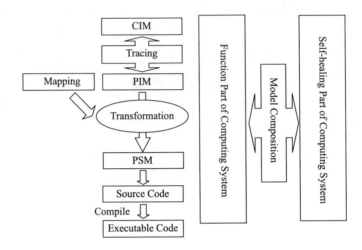

图 5-1　自愈计算系统横向模型驱动设计思想

5.3　以故障模型为中心的自愈计算系统设计与实现方法

在自愈计算系统横向模型驱动设计思想指导下，将基本功能层与自愈层隔离之后，就可以采用一般软件系统的方法和技术分别对这两部分进行设计与实现。基本功能层与自愈层的隔离使它们设计与实现相对独立，这种松耦合能够提高自愈模型的模块化、可配置型、可重用性以及可维护性，同时，降低了系统整体设计的复杂性。但是，这种松耦合也使自愈层与基本功能层的联系丢失，这进而导致自愈模型与基本功能模型的重新组合或者代码编织将变得非常困难。

在第 4 章的讨论中，将故障模型 M_F 纳入了自愈计算系统体系结构中，

M_F不仅描述了故障节点之间的关系，而且描述了计算系统中故障节点的属性，因此，M_F可以作为系统自愈层的设计依据，同时也可以作为连接系统功能层与自愈层的桥梁。在故障模型的连接下，自愈计算系统设计与实现框架如图 5 - 2 所示。

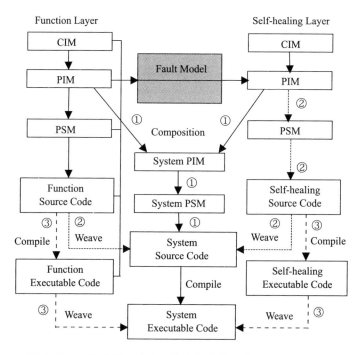

图 5 - 2　以故障模型为中心的自愈计算系统设计与实现框架

在图 5 - 2 中，自愈计算系统最终可执行代码可以通过三种途径获得。

第一种途径的过程为：系统设计中首先针对系统功能层建模，得到系统功能层 PIM，在此基础上，进一步得到系统故障模型 M_F（前文详细描述了故障模型 M_F 的数据结构）；然后，根据系统自愈层 CIM 与故障模型 M_F，得到系统自愈层 PIM；在分别得到系统功能层与自愈层 PIM 之后，对它们进行合并或组合，从而得到系统全局 PIM；随后，像对待一般系统模型一样，对系统全局 PIM 进行转化得到系统 PSM，经进一步转化后得到系统源码，再经编译后得到系统可执行代码。参照图 5 - 2 中路径①所示过程。

第二种途径的过程为：系统设计中首先根据系统功能层模型或者源码，

得到系统故障模型 M_F；然后，根据系统自愈层 CIM 与故障模型 M_F，得到系统自愈层 PIM；随后，继续对自愈层 PIM 进行转化，得到自愈层的 PSM，经进一步转化得到自愈层的源码；最后，通过代码静态编织技术将自愈层源码织入功能层源码，从而得到系统整体源码，经编译后得到系统可执行代码。参照图 5 - 2 中路径②所示过程。

第三种途径的过程为：在第二种途径中得到系统自愈层源码之后，并不进行代码静态编织，而是继续针对自愈层源码进行编译，得到自愈层的可执行代码；随后，通过代码动态编织技术，在系统功能层代码运行过程中动态织入自愈层代码，从而实现系统自愈过程。参照图 5 - 2 中路径③所示过程。

以上三种途径的主要区别在于自愈层与功能层模型组合或代码编织层次不同，它们具有各自的优缺点。

第一种途径中自愈层与功能层的编织在模型级进行，使自愈层与功能层完全融合为一体。这种途径的优点是，自愈层与功能层在模型级融为一体，在系统后续实现中，自愈层代码可以更加容易和准确地获得系统内部状态信息，诊断和修复行为也可以深入系统内部，效率较高；其缺点是，系统设计中必须具备功能层 PIM，并且模型的完全融合在实现中容易导致自愈层与功能层的代码缠绕问题，此外，系统功能层与自愈层代码运行于同一环境下，容易产生同时失效或者相互影响的问题。

第二种途径中自愈层与功能层的编织在源码级进行。这种途径的优点是，自愈层与功能层的分离可以保持到源代码级，解决了代码缠绕的问题，并且编织仅仅需要系统功能层源码而不需要 PIM，这对于遗留系统尤为重要；其缺点是，自愈层与功能层源码级的分离，使自愈层准确地获得系统内部状态信息较为困难，诊断和修复行为的深度与粒度受限，且效率不高。

第三种途径中自愈层与功能层的编织在可执行级进行。这种途径的优点是，自愈层与功能层的分离一直保持到可执行级，在彻底解决代码缠绕问题的同时，还使自愈层的执行独立于功能层成为可能，并且编织可以在不具备系统功能层模型或者源码情况下进行，这一点对于遗留系统或者第三方系统尤为重要；其缺点是，自愈层准确地获得系统内部状态信息更加困难，诊断和修复行为的深度与粒度更加受限。

在以上描述的自愈计算系统设计与实现的三种途径中，从第一种途径到第三中途径，自愈层与功能层的组合或者编织时机越来越晚，隔离程度越来越高，可重用性与可维护性也越来越好，但获取系统信息以及诊断与修复行为的精度与深度也越来越受限，系统实现难度越来越大。在实际应用中，不同系统可以根据其自身特点分别采取不同途径或者不同途径的组合得到最终包含自愈功能的可执行代码。

对于从零开始设计的系统，由于可以得到系统功能层 PIM，因此，适合于采用第一种途径，在得到系统自愈层 PIM 之后进行模型合并或者组合，当然，为了减少代码缠绕问题，也可以采用第二种途径或者第三种途径，或者采用三种途径结合的方法；对于具备系统源码的遗留系统，由于可能不具备系统功能层 PIM，可以采用第二种途径，当然，对于源码文档不全或者根据源码分析较为复杂的情况下，也可以采用第三种途径，或者采用两种途径结合的方法；对于不具备系统源码的遗留系统或者第三方系统，则只能采用第三种途径。

图 5-2 所示的自愈计算系统设计与实现方法将故障模型作为自愈模型与基本功能模型的连接，从而使它们在相对独立的设计与实现过程中保持联系，进而支持不同阶段的模型合并或者代码编织，最终生成具有自愈特征的软件系统。该方法的最大优点在于能够充分利用现有各种成熟的软件设计与实现技术和方法。

5.4 实例设计与分析

根据本章提出的横向模型驱动的设计思想以及以故障模型为中心的自愈计算系统实现方法，本节设计并实现了一个具有自愈特性的捷联惯性导航系统仿真软件，以证实本章所提出的设计思想以及实现方法的有效性。

捷联惯性导航系统广泛应用于飞机、导弹、潜艇等对可靠性要求较高的军事以及民用领域，在这些领域，导航系统一旦出现故障，往往难以通过外部或人工的方式对系统进行修复，因而可能造成重大损失或带来严重后果。因此，提高捷联惯性导航系统在故障情况下的连续可用能力至关重要。

5.4.1　捷联惯性导航原理

惯性导航系统建立在牛顿经典力学定律基础之上，通过对运载体运动加速度的测量，经过一系列积分和矩阵运算，以获得运载体当前的运动状态信息和位置信息。典型的捷联惯性导航系统一般由惯性仪表组件、仪表的电子部件、姿态计算机和导航计算机等几个部分组成，如图 5 - 3 所示。

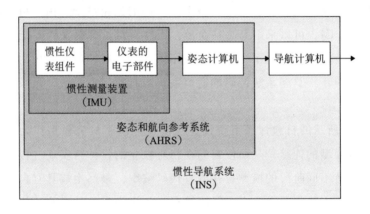

图 5 - 3　捷联惯性导航系统的组成

捷联惯性导航系统的工作流程主要分为对准和导航解算两个阶段。对准阶段主要在地面或飞行的初始阶段进行，其任务是完成对系统初始条件的精确测量，包括载体初始位置和姿态等信息；导航解算阶段的任务是通过惯性器件测量值的计算，结合对准阶段测得的初始条件，解算系统当前的运动状态和精确位置，对准阶段完成之后直至飞行结束，系统都处于这一阶段，该阶段的计算流程如图 5 -4 所示。

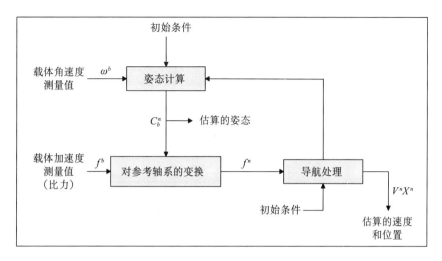

图 5 - 4   捷联惯性导航系统导航解算计算流程图

5.4.2   仿真软件功能层模型

本节以软件形式对捷联惯性导航系统中的核心部件进行仿真,模拟系统在导航过程中的实际解算任务,可以通过故障注入的方式模拟可能出现的故障,从而对系统的自愈特征进行验证。

仿真软件核心功能用于实现惯性导航的解算任务,由加速度计、陀螺仪、导航计算机、姿态计算机、内外部总线、电源和时钟中断器等组件组成,如图 5 - 5 所示。

仿真软件的核心功能设计类图如图 5 - 6 所示。仿真软件实现中,加速度计、陀螺仪、电源和时钟中断器采用多线程机制,在仿真启动后即开始运行,按照设定好的数据产生持续的信号输出;导航计算机、姿态计算机和内外部总线设计为独立的功能类,以函数调用的形式模拟导航解算的各环节任务以及数据的传输。

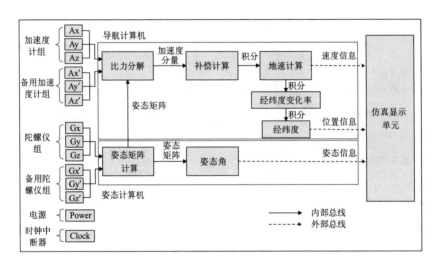

图 5－5　仿真软件的核心功能组成

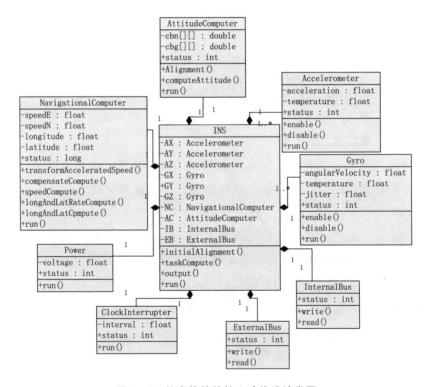

图 5－6　仿真软件的核心功能设计类图

5.4.3 系统故障模型

通过对导航系统实际工作环境进行分析，可以得到导航系统可能出现的所有基本故障。本实例仅考虑导航系统的导航解算过程中可能出现的基本故障，包括惯性元器件数据异常或损坏、电源不稳定、计算误差超限以及通信故障等，这些故障基本属性描述如表 5 - 1 所示。

表 5 - 1　　　　　　　　捷联惯性导航系统基本故障列表

编号	故障名称	故障描述	级别	影响参数
f_1	X 轴加速度计失效	X 轴加速度计损坏或能力丧失	严重	X 轴加速度计工作状态值
f_2	Y 轴加速度计失效	Y 轴加速度计损坏或能力丧失	严重	Y 轴加速度计工作状态值
f_3	Z 轴加速度计失效	Z 轴加速度计损坏或能力丧失	严重	Z 轴加速度计工作状态值
f_4	X 轴加计数据不合理	X 轴加速度计测得的加速度值超出允许的波动范围	一般	X 轴加速度计加速度值
f_5	Y 轴加计数据不合理	Y 轴加速度计测得的加速度值超出允许的波动范围	一般	Y 轴加速度计加速度值
f_6	Z 轴加计数据不合理	Z 轴加速度计测得的加速度值超出允许的波动范围	一般	Z 轴加速度计加速度值
f_7	X 轴加速度计超温	X 轴加速度计温度超出允许的温度范围	一般	X 轴加速度计温度值
f_8	Y 轴加速度计超温	Y 轴加速度计温度超出允许的温度范围	一般	Y 轴加速度计温度值
f_9	Z 轴加速度计超温	Z 轴加速度计温度超出允许的温度范围	一般	Z 轴加速度计温度值
f_{10}	X 轴陀螺仪失效	X 轴陀螺仪失效	严重	X 轴陀螺仪工作状态值
f_{11}	Y 轴陀螺仪失效	Y 轴陀螺仪损坏或能力丧失	严重	Y 轴陀螺仪工作状态值
f_{12}	Z 轴陀螺仪失效	Z 轴陀螺仪损坏或能力丧失	严重	Z 轴陀螺仪工作状态值

续表

编号	故障名称	故障描述	级别	影响参数
f_{13}	X 轴陀螺仪数据不合理	X 轴陀螺仪测得的角速度值超出允许的波动范围	一般	X 轴陀螺仪角速度值
f_{14}	Y 轴陀螺仪数据不合理	Y 轴陀螺仪测得的角速度值超出允许的波动范围	一般	Y 轴陀螺仪角速度值
f_{15}	Z 轴陀螺仪数据不合理	Z 轴陀螺仪测得的角速度值超出允许的波动范围	一般	Z 轴陀螺仪角速度值
f_{16}	X 轴陀螺抖动误差超限	X 轴陀螺仪的抖动误差超出允许的误差范围	一般	X 轴陀螺仪抖动误差值
f_{17}	Y 轴陀螺抖动误差超限	Y 轴陀螺仪的抖动误差超出允许的误差范围	一般	Y 轴陀螺仪抖动误差值
f_{18}	Z 轴陀螺抖动误差超限	Z 轴陀螺仪的抖动误差超出允许的误差范围	一般	Z 轴陀螺仪抖动误差值
f_{19}	X 轴陀螺仪超温	X 轴陀螺仪温度超出允许的温度范围	一般	X 轴陀螺仪温度值
f_{20}	Y 轴陀螺仪超温	Y 轴陀螺仪温度超出允许的温度范围	一般	Y 轴陀螺仪温度值
f_{21}	Z 轴陀螺仪超温	Z 轴陀螺仪温度超出允许的温度范围	一般	Z 轴陀螺仪温度值
f_{22}	电源电压超限	电源输出的电压值不在允许的电压范围	严重	电源电压值
f_{23}	时钟中断器故障	时钟中断器产生的中断间隔不稳定或无法产生中断	严重	时钟中断器中断脉冲计时值
f_{24}	姿态解算错误	姿态矩阵四元素平方和不等于 1	一般	姿态矩阵四元素值
f_{25}	天向速度解算错误	解算出的天向速度超出允许范围	一般	天向速度值

续表

编号	故障名称	故障描述	级别	影响参数
f_{26}	东向速度解算错误	解算出的东向速度超出允许范围	一般	东向速度值
f_{27}	北向速度解算错误	解算出的北向速度超出允许范围	一般	北向速度值
f_{28}	姿态计算机失效	姿态计算机损坏或能力丧失	严重	姿态计算机工作状态值
f_{29}	导航计算机失效	导航计算机损坏或能力丧失	严重	导航计算机工作状态值
f_{30}	内总线故障	内部总线损坏或能力丧失	严重	内总线工作状态值
f_{31}	外总线故障	外部总线损坏或能力丧失	严重	外总线工作状态值

根据表 5-1 中基本故障对系统参数的影响情况，通过集合划分的方法，可以构造满足定义 2.22 的树状故障模型 M_F，如图 5-7 所示。其中，宏故障的集合为：$F_{11} = \{f_1, f_2, f_3\}$，$F_{12} = \{f_4, f_5, f_6\}$，$F_{13} = \{f_7, f_8, f_9\}$，$F_{14} = \{f_{10}, f_{11}, f_{12}\}$，$F_{15} = \{f_{13}, f_{14}, f_{15}\}$，$F_{16} = \{f_{16}, f_{17}, f_{18}\}$，$F_{17} = \{f_{19}, f_{20}, f_{21}\}$，$F_{18} = \{f_{24}, f_{28}\}$，$F_{19} = \{f_{25}, f_{26}, f_{27}, f_{29}\}$，$F_{110} = \{f_{30}\}$，$F_{111} = \{f_{31}\}$，$F_{112} = \{f_{22}\}$，$F_{113} = \{f_{23}\}$。

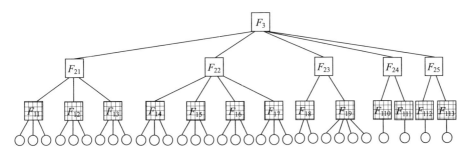

图 5-7 系统故障模型 M_F

5.4.4 系统自愈层模型

根据第 4 章的描述，自愈层模型可以描述为由监控器、诊断器、控制器与修复器组成的四元组，即 $H = <Monitor，Diagnoser，Cotroller，Repairer>$。

对于监控器 $Monitor$，本实例设计了 14 个软件传感器，负责获取故障模型中所有故障所影响的全部系统参数，并以事件序列方式输出至诊断器；诊断器接收监控器传送的事件序列，通过遍历故障模型的方法诊断系统所发生的最低级别故障，并将诊断故障树发送至控制器与修复器；对于控制器，负责接收诊断器发送的诊断故障树，并根据诊断故障树与系统功能模型，阻止故障对系统的进一步影响，标记故障组件故障状态，并在故障修复后重新启用故障部件；对于修复器，根据诊断器发送的诊断故障树，结合功能模型，确定故障组件，并进行相应修复操作，本实例采用了备用组件和微重启的修复策略。

此外，由于备用组件和微重启策略修复开销和代价较大，因此，对于偶然或者轻微故障，采用计数方式，只有当计数达到一定阈值情况下才执行修复策略。具体修复策略如下：

（1）对于未达到故障计数要求的故障，一般视为偶然出现的轻微故障，置故障发生时的计算结果无效，沿用故障发生前上一节拍计算结果，不重新执行故障发生前一节拍的计算任务。

（2）对于一般故障，置故障发生时的计算结果无效，重新执行故障发生前一节拍的计算任务，并标记故障发生部位工作状态为危险。

（3）对于严重故障，标记故障发生部件工作状态为故障，启用备用部件，并对该部件进行微重启，若此时无可用备用部件则报警。原部件在重启完成之后根据备用部件在当前时刻的运行结果对自身进行初始化，并独立运行预定时间（本实例设定为 2s），以某一单位时间（本实例设定为 10ms）为周期与当前部件输出值进行对比，若对比结果一致则置该部件为备用部件；反之标记该部件为失效状态。

针对以上设计思想，本实例采用面向方面设计方法，对系统自愈层模型进行了设计［针对故障模型中所有第二级宏故障（F_{1x}）设计了模拟修复策略］，得到设计结果如图 5 - 8 所示，设计结果对故障模型的诊断与修复支持情况如图 5 - 7 中涂色状态所示，自愈度达到 1。

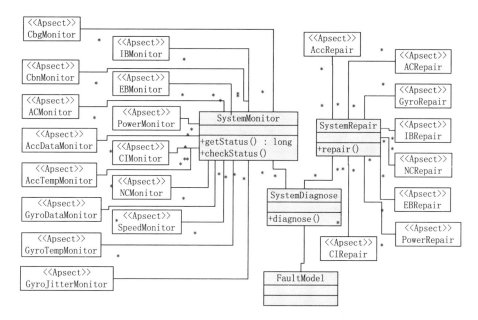

图 5 - 8　系统自愈层面向方面模型

5.4.5　系统全局模型

面向方面代码支持静态或动态织入，因此，本实例可以采用图 5 - 3 中的第二种途径，在分别得到系统功能代码和自愈层代码后进行代码编织，从而保持代码在源代码级隔离。为了更直观地了解系统实现后的情况，此处给出了系统全局模型（静态），如图 5 - 9 所示。

5.4.6　系统实现

根据系统设计所得到的功能层模型与自愈层模型，本实例通过 Java 和 AspectJ 语言分别对系统核心功能模型与自愈层模型进行了实现，实现代码结果如图 5 - 10 所示。

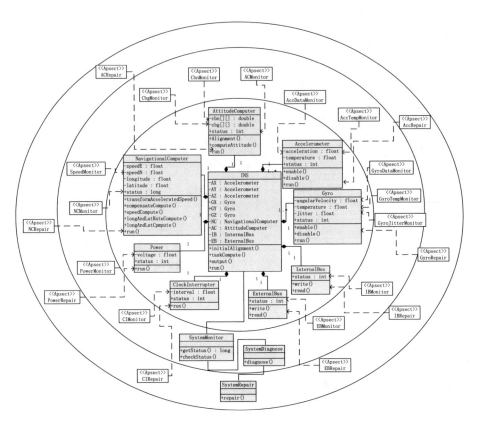

图 5 - 9 系统全局模型（静态）

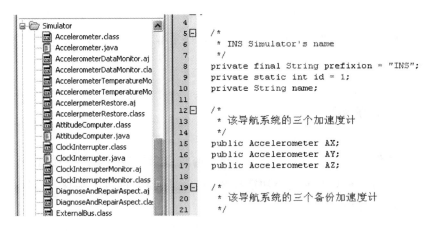

图 5 - 10 实现代码结果

最后，根据图 5 – 2 中的第二种途径，通过代码编织得到系统全局最终代码，以验证系统运行过程中的自愈特征，图 5 – 11 给出了一个监控单元面向方面代码示例。

```
AcceleratorMonitor.aj
1  package Simulator;
2
3  public aspect AcceleratorMonitor {
4
5    pointcut monitoringAcceleratorAcclPointcut(float newValue) :
6        set(float Accelerometer.acceleration) && args(newValue)
7        && if((newValue > Accelerometer.maxAcceleration) || (newValue < Accelerometer.minAcceleration))
8        && withincode(void Accelerometer.run());
9
10   before(float newValue): monitoringAcceleratorAcclPointcut(newValue){
11
12       ((Accelerometer) (thisJoinPoint.getThis())).setStatusAccl(0);
13       ((Accelerometer) (thisJoinPoint.getThis())).setStatus(0);
14   }
15
16 }
```

图 5 – 11　监控单元面向方面代码示例

在系统实现基础上，通过修改相应仿真单元状态值和输出值的方式对系统可能出现的故障特征进行模拟，记录系统的处理结果和处理耗时，从而对系统的自愈特征进行验证。系统运行过程中状态监控界面如图 5 – 12 所示。

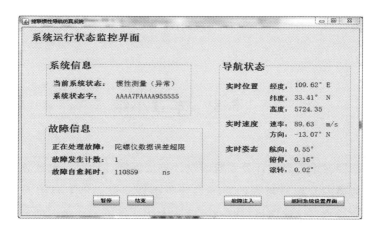

图 5 – 12　系统运行过程中状态监控界面

在实验中，针对故障模型中的每个第二级宏故障（F_{1x}），模拟输入 1000次，实验结果表明，系统对输入的每个故障均能够有效诊断并修复，诊断与修复率达到 100%，符合设计预期结果，即自愈度达到 1，平均自愈耗时

0.047ms，实验结果如图5-13所示（图中 A 表示该类故障自愈度为1）。

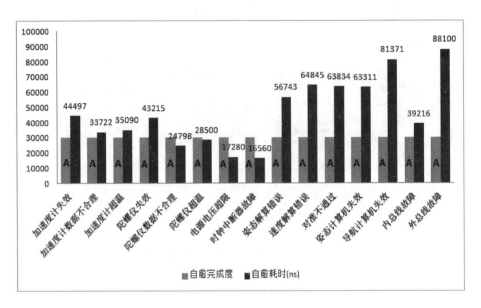

图 5-13   系统实验统计结果

此处仅为了验证所提出的系统设计方法的有效性，并不针对不同修复策略性能进行分析，因此，不再针对自愈耗时进行进一步分析。

5.5   本章小结

本章主要讨论了自愈计算系统的设计方法问题。针对自愈计算系统中功能层与自愈层的交织所带来的系统设计复杂性问题，借鉴当前 MDA 思想，提出了自愈计算系统横向模型驱动的设计方法；讨论了在横向模型驱动设计思想下系统功能层与自愈层隔离设计之后的耦合问题，并提出了一种以故障模型为中心的自愈计算系统设计与实现方法；最后，通过一个捷联惯性导航仿真软件的设计与实现，验证了所提出的系统设计思想与方法的可行性与有效性。

第6章

一种面向结果的自愈方法

首先，针对当前解决软件故障问题的方法不适合于自愈计算系统的问题，提出了一种面向结果的自愈思想，从软件中缺陷可能导致的故障对计算系统可能造成的影响结果这一角度出发，构造故障模型，并根据故障模型的可诊断情况设计自愈策略，以期使计算系统最终自愈度和自愈深度达到最大。然后，结合 Java 程序中内存泄漏问题，根据所提出的自愈思想，设计并实现了一种面向结果的自愈方法。最后，通过实验验证了所提出的自愈方法的有效性。

6.1 引言

对于任何一个软件系统，其中都必然包含不同的缺陷或 Bug，这些缺陷或 Bug 分布在软件的不同模块，大量的类、函数以及代码行之中，随着软件系统的持续运行，这些缺陷或者 Bug 终究会导致软件出现故障或者系统出现错误。

解决以上问题的传统思想是采用多种方法和技术尽可能发现软件缺陷并进行定位，然后进行静态修复，从而降低软件运行中故障发生的概率。例如，当前研究人员提出的基于程序覆盖、基于不变式、基于程序变异、基于模型验证等多种程序静态分析与测试方法都属于这一思想范畴。然而这种解决问题的思想需要具备两个前提条件：一是需要具备程序源码；二是需要大量测试数据支持。即使在具备这两个前提条件情况下，软件缺陷的发现与定位目前仍然是一件十分困难的工作[119]。另外，传统解决软件缺陷问题的最终方式一般为通过静态修改代码消除缺陷，然而这种缺陷消除方法需要系统停机或者间断运行。

根据以上分析可以看出，传统软件故障诊断以及故障修复方法所需要的前提条件都决定了其并不适合于自愈系统。本章针对这一问题，提出了一种面向结果的自愈方法，根据故障对系统的影响结果制定相应的修复策略，以使计算系统能够在不停机情况下提供持续正常服务，并通过计算系统内存泄漏问题的自愈策略实现说明了所提出方法的有效性。

6.2 面向结果自愈方法的基本思想

尽管软件系统中的缺陷具有类型繁多和分布范围广的特点，从而导致这些缺陷的发现与定位十分困难，但这些缺陷可能导致的故障对计算系统的最终影响结果有时却表现出极大的相似性，例如，对于软件系统中经常出现的内存泄漏故障，它可能是由于程序忘记释放无用对象内存而导致的，这些缺陷数量可能很多，并且在程序中的分布也可能很广，随着程序的运行，这些缺陷都可能导致系统中内存泄漏故障的发生，但这些故障对系统的最终影响都是不断消耗系统内存，导致系统可用内存数量越来越少，最终可能导致系统因内存耗尽而失效。

根据以上描述的不同故障对系统影响结果的这种相似性，本书提出的面向结果自愈方法的基本思想是，通过将那些对系统影响结果相似的故障划分为一类，构造系统故障模型，进而根据故障模型的可诊断性设计面向结果的自愈策略，使系统具备一定自愈性，这种面向结果的自愈系统基本思想如图6-1所示。

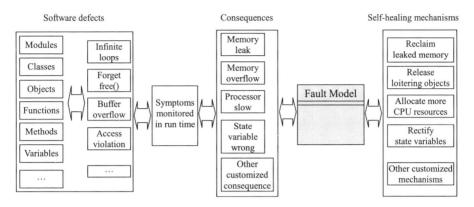

图 6 - 1　面向结果的自愈方法基本思想

下面针对软件系统中经常出现的内存泄漏这一具体问题，给出面向结果的自愈方法及其效果。

6.3　内存泄漏问题及其相关研究

6.3.1　问题概述

内存管理是大型应用软件需要考虑的一个重要因素，它直接影响应用软件的稳定性和效率。目前，研究人员对内存管理的研究可分为 3 个层次，自底向上依次为：操作系统级、高级语言级和应用级。尽管操作系统级和高级语言级的内存管理为软件开发人员提供了强有力的支持，但是开发人员并不总是能够充分利用操作系统和高级语言提供的内存使用和管理方法，因此，应用级内存管理仍然非常必要。

对于 C/C ++ 程序设计语言，其内存管理较为复杂，为了防止内存泄漏以及出现内存泄漏之后进行修补，开发人员需要投入大量的精力。对于 Java 程序设计语言，为了解决内存管理问题，Java 虚拟机提供了垃圾收集器，这使开发人员可以利用垃圾收集器自动进行内存回收。垃圾收集器在很多情况下可以很好地帮助内存回收，但它并不能够解决所有内存泄漏的问题。随着开发规模的扩大和应用的深入，特别是在复杂、多组件集成的软件系统中，要求开发人员在应用程序级正确地使用和管理内存是一件非常困难、甚至不现实的事情，因此，由于内存泄漏导致的问题也将越来越多地暴露出来。

6.3.2　Java 中的内存泄漏问题相关研究

Java 程序的一个重要优点是 Java 虚拟机可以通过垃圾收集器（Garbage Collection，GC）自动管理内存的回收，程序员不需要通过调用函数来释放内存，但 Java 程序中同样可能出现内存泄漏，只不过它的表现形式与 C 或 C ++ 程序不同。随着越来越多的服务器程序和嵌入式系统程序采用 Java 技术，Java 程序设计中的内存泄漏问题也就变得十分关键，并引起了众多研究人员的关注。

从应用级解决内存泄漏问题的主要过程可以分为三个阶段：第一阶段是诊断程序中可能的内存泄漏；第二阶段是针对导致内存泄漏的问题进行分析和定位；第三阶段是消除导致内存泄漏的程序缺陷。当前研究人员主要针对前两个阶段进行了研究，并提出了内存泄漏检测和定位的多种方法[130-131]。同时也出现了一些支持内存泄漏检测与定位的工具。例如，JProbe 提供了内存泄漏检查器，它以图的方式展示程序中对象引用的相互调用关系，从而帮助用户诊断和定位 Java 程序中可能的内存泄漏问题。其他一些 JDK 性能监控和除错工具，如 JMap 和 JHat 同样提供了程序内存泄漏的检测与定位功能。另外，Java 开发包自带了 JConsole 工具，它能够监测应用程序的内存消耗，同样能够帮助用户分析是否存在内存泄漏问题。

以上研究主要针对内存泄漏的诊断和问题定位两个阶段展开，其成果也仅是对用户解决内存泄漏问题起到了辅助作用，对于导致内存泄漏问题的最终消除，仍然要靠用户手工（源代码的修正）完成。另外一些研究人员曾经尝试采用高级编译技术缩减应用程序的总体内存开销[132]，这种方法能够在一定程度上延缓应用程序由于内存泄漏而出现崩溃，但并不是解决内存泄漏问题的有效方法。

6.4　Java 内存泄漏问题描述

6.4.1　引用和垃圾收集

　　Java 中对象的引用被分为四种级别，从而使程序能更加灵活地控制对象的生命周期，这四种级别由高到低依次为：强引用、软引用、弱引用和虚引用。从 Java 提供的四种引用类型可以看出，Java 的垃圾收集器可以对除强引用之外的其他三种引用对象进行自动回收，开发人员合理地使用以上引用类型可以有效地提高应用程序的内存利用率。虽然 Java 虚拟机提供了垃圾收集器，但 Java 程序中的内存泄漏仍然可能存在，只不过与 C ++ 程序相比，它内存泄漏的范围缩小了，图 6－2 通过对象引用有向图说明了 Java 与 C ++ 程序中内存泄漏的范围。

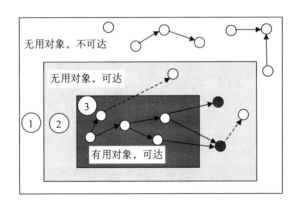

图 6－2　对象引用有向图

　　图 6－2 中的小圆圈代表了对象，实线有向箭头代表了 C ++ 中的对象指针或者 Java 中的强引用，虚线有向箭头表示 Java 中的软引用、弱引用或者

虚引用。在 C ++ 程序中，开发人员需要自己管理有向图中的边和顶点；而在 Java 程序中，程序开发人员只需要管理边，顶点（对象）的释放可以由 Java 虚拟机的垃圾收集器完成。在 C ++ 程序设计中，①区和②区中的对象都将导致内存泄漏；而在 Java 程序设计中，只有②区中的对象会导致内存泄漏，并且②区中那些仅仅具有软引用、弱引用或者虚引用的对象也能在适当的时候被垃圾收集器回收，这使 Java 程序中导致内存泄漏的情况进一步减少，但由于垃圾收集器无法回收那些具有强引用的可达无用对象，这仍然可能导致内存泄漏。例如，图 6 - 2 中填充的实心圆所代表的对象，这些对象在程序中为无用，但由于程序并没有将这些对象的所有强引用释放，因此，它们无法被垃圾收集器所收集，从而导致内存泄漏。

6.4.2　内存泄漏典型示例

为了具体说明 Java 中内存泄漏的问题的发生，假设有一个栈 StackLeaker 的实现代码，采用数组 elements 实现栈中的对象存储，在栈的 pop 方法中，当一个对象出栈后，栈中 elements 仍然保留了出栈对象的引用，因此，即使出栈对象不再被程序使用，垃圾收集器也无法对该对象进行回收，这有可能导致使用该栈的程序发生内存泄漏问题。

为了说明栈使用中的内存泄漏问题，本书设计一个激励程序，完成对象的入栈出栈操作。在运行时，限制使用该栈程序的堆内存空间为 256MB，设定出入栈对象大小为 10MB，则当对象连续入栈时，程序堆内存占用量将以 10MB 速度增长，栈满时，程序堆内存占用量将达到最大值——250MB（忽略程序其他对象内存占用量）。当对象随后出栈并且不再使用时，垃圾收集器并不会把出栈对象回收，因此，程序堆内存占用量并不会随着对象出栈而减少，图 6 - 3 说明了程序运行过程中堆内存的使用情况。当程序栈中对象全部出栈后，再从堆中申请对象空间时，程序将抛出 OutOfMemoryError 异常。

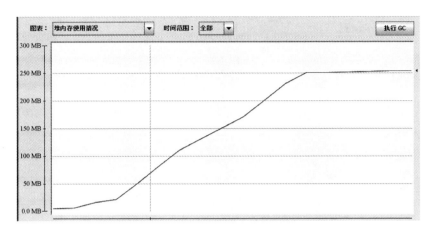

图 6 - 3　程序堆内存使用情况

　　在理想情况下，当程序栈中的对象出栈并不再被使用时，其占用的堆内存应该被回收，但是由于程序中栈 pop 方法实现上的缺陷导致了出栈对象不能被垃圾收集器回收，从而引起了内存泄漏问题。

6.4.3　当前解决内存泄漏问题的方法及其存在的问题

　　在一般情况下，内存泄漏故障是由程序中缺陷导致的，因此，对于该问题的解决思路一般是从程序本身出发，尝试定位程序缺陷并通过修改源代码加以消除。对于使用 StackLeaker 栈定义的程序，如果要消除其可能的内存泄漏故障，需要修改栈 StackLeaker 的 pop 方法，在对象出栈后将 elements 保持的出栈对象的引用及时释放。图 6 - 4 说明了修改出栈方法代码之后，程序运行过程中堆内存使用量的变化趋势（定期执行垃圾收集）。从图中可以明显看出，由于对象出栈后不再拥有任何强引用，该对象所占用的堆内存很快被垃圾收集器所回收。

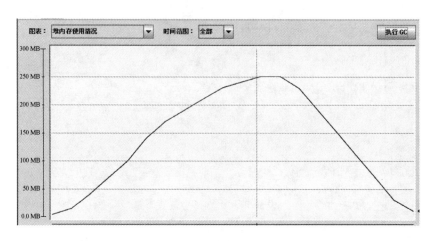

图 6 - 4 修改出栈方法后程序堆内存使用量的变化趋势图

以上的解决方法需要两个前提条件：一是使用了栈的程序开发人员需要拥有栈实现的源代码；二是程序开发人员能够发现栈实现中的缺陷，并且做出正确修改。这两个前提条件在大多数情况下很难满足。首先，随着当前软件系统规模和复杂度的快速增长，集成以及采用第三方软件的情况越来越多，并不是所有这些第三方软件都提供源代码；其次，即使获得了软件所有源代码，由于复杂度的原因，要求开发人员考虑所有可能导致内存泄漏的程序缺陷几乎是不可能的；最后，即使发现了可能导致内存泄漏的程序缺陷，修改源代码的解决方法需要系统停机，在重新编译和加载程序后再次运行，这对于现实中很多连续运行系统并不具备可行性。此外，对于复杂软件系统，手工修改代码通常会注入更严重的错误。

因此，当前研究针对内存泄漏问题的解决方法基本都属于被动方式，且依赖于人工干预，并不适合当前复杂且持续运行的计算系统。

6.5 内存泄漏问题的离散事件系统模型

对于 Java 程序，它的最大特点是在 Java 虚拟机中运行，因此，我们可以换个角度思考，把虚拟机看作一个黑盒系统，把虚拟机中程序的运行看作对虚拟机的输入事件，而程序中可能导致内存泄漏的操作可以看作对虚拟机输入的故障事件，这样，便得到一个针对 Java 虚拟机的离散事件系统。根据第 2 章的讨论，可以使用有限状态自动机 $\tilde{G} = (\tilde{X}, \tilde{\Sigma}, \tilde{\delta}, \tilde{x}_0)$ 对该系统进行描述，其中，$\tilde{X}$ 表示虚拟机有限状态空间；$\tilde{\Sigma}$ 表示有限事件集合，即程序的操作集合；$\tilde{\delta}$ 表示虚拟机状态转移函数；$\tilde{x}_0$ 表示虚拟机初始状态。

为了诊断系统中故障事件的发生，通常需要对系统部署若干传感器，以获得系统状态变化，进而得到系统中发生的可观测事件。假设系统中部署 m 个传感器，传感器的输出用 $Y_j (j = 1, 2, \cdots, m)$ 表示，则可以定义系统状态到每个传感器输出的映射为：

$$h_j : \tilde{X} \to Y_j (j = 1, 2, \cdots, m)$$

定义 $Y = \prod_{j=1}^{m} Y_j$，则 $h : \tilde{X} \to Y$ 表示了系统状态到传感器输出的全局映射，即：

$$h(x) = (h_1(x), h_2(x)), \cdots, h_m(x)$$

为统一表示，也可以将传感器看作系统的组成部分，这样便可以得到系统新的有限状态自动机 $G = (X, \Sigma, \delta, x_0)$。在 G 中，状态转移重新定义如下：令 $\delta(x, \sigma) = x'$，其中：$x, x' \in \tilde{X}$ 且 $\sigma \in \tilde{\Sigma}$。

（1）若 σ 为可观测事件，重命名 σ 为 $< \sigma, h(x') >$，则 $\delta(x, < \sigma, h(x') >) = x'$，新事件 $< \sigma, h(x') >$ 在 Σ 中为可观测事件。

（2）若 σ 为不可观测事件且 $h(x) = h(x')$，则 σ 在 Σ 中仍为不可观测事件，$\delta(x, < \sigma >) = x'$。

（3）若 σ 为不可观测事件且 $h(x) \neq h(x')$，则对 $\tilde{\delta}(x, \sigma) = x'$ 作如下取代：

$\delta(x, \sigma) = x_{new}$ 并且 $\delta(x_{new}, < h(x) \to h(x') >) = x'$，其中：$x_{new}$ 为新引入状态，$< h(x) \to h(x') >$ 表示传感器在状态 x 和状态 x' 下的输出变化。σ 在 Σ 中为不可观测事件，而 $< h(x) \to h(x') >$ 在 Σ 中为可观测事件。

通过以上转化，包含传感器的系统 $G = (X, \Sigma, \delta, x_0)$ 的事件集合 Σ 中的事件有三种形式，分别为：

（1） $< \sigma, h(x') >$ 为可观测事件。

（2） $< \sigma >$ 为不可观测事件。

（3） $< h(x) \rightarrow h(x') >$ 为可观测事件。

设 X_{new} 表示在转化过程中引入的所有新状态，则 $X = \tilde{X} \cup X_{new}$。

通过以上描述，$G = (X, \Sigma, \delta, x_0)$ 表示部署了传感器系统的有限状态机模型。Java 内存泄漏问题的解决可以抽象为，通过在虚拟机系统中部署若干传感器，从而得到一个虚拟机系统有限状态自动机模型 G，然后根据 G 中可观测事件诊断导致系统故障事件（内存泄漏）的发生，并采取合适策略，使系统在保持连续运行情况下能够自动对这一故障问题予以消除。

6.6　内存泄漏的诊断

6.6.1　内存泄漏的可诊断性分析

在以上构造的 Java 虚拟机系统有限状态自动机模型 G 中，可以部署堆内存占用状态传感器，以便在虚拟机运行过程中获取其堆内存占用状态。在部署堆内存占用状态传感器之后，虚拟机系统有限状态自动机模型 G 的状态空间 X 可以抽象描述为其堆内存占用状态，即 $X = \{N_M\}$ [133]，其中，N_M 表示虚拟机堆内存占用量；虚拟机中程序运行过程中的内存分配操作和垃圾收集器的内存释放操作以及内存占用量变化事件的集合构成了 G 的有限事件集合 Σ；系统 G 的初态为 x_0 为虚拟机加载程序后的堆内存占用量 n_m。

考虑 G 中的有限事件集合 Σ，对于程序中的内存分配相关操作，这些操作可能分布在程序不同模块、类、函数以及代码行之中，它们都将改变 G 的堆内存占用状态（使 G 的堆内存占用量增大）。其中一部分操作为正常内存分配操作，表示为 $\{\sigma_1, \sigma_2, \cdots, \sigma_n\}$；另一部分为可能导致内存泄漏的操作，即故障事件，表示为 $\{f_1, f_2, \cdots, f_n\}$。这些操作对于 G 而言均为不可观测事件；对于垃圾收集器的内存释放操作，该操作改变 G 的堆内存占用状态（使 G 的堆内存占用量减小），表示为 δ，同样为不可观测事件；对于堆内存占用量变化事件 $< h(x) \to h(x') >$，该事件可以通过传感器输出值计算得到，不改变 G 的堆内存占用状态，表示为 β_1 和 β_2，其中，β_1 表示堆内存占用量增大；β_2 表示堆内存占用量减小。这两个事件对于 G 而言均为可观测事件。

根据以上分析，可以得到部署堆内存占用状态传感器的 Java 虚拟机系统有限状态自动机模型 G 的状态转换图，如图 6-5 所示，其中，$x_{1'}, x_{2'}, \cdots, x_{n'}$ 为系统部署传感器后引入的新状态。

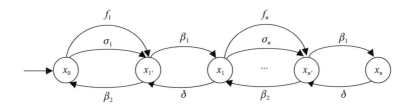

图 6-5 **Java 虚拟机系统有限状态自动机模型 G 的状态转换图**

从图 6-5 中可以明显看出，$\sigma_1, \sigma_2, \cdots, \sigma_n$；$f_1, f_2, \cdots, f_n$；$\delta$ 均为不可观测事件，且它们均不具备特征签名，因此，系统 G 不具备可诊断性。根据第 2 章中的讨论，系统在不具备强诊断性条件下，仍然可以通过构造故障模型，使其在特定故障模型下具有一定自愈性。

6.6.2 面向结果的故障模型及其诊断

根据第 2 章中关于故障模型的讨论，可以将图 6-5 所描述的 Java 虚拟机系统 G 中不可观测的正常内存分配事件 $\sigma_1, \sigma_2, \cdots, \sigma_n$ 划分为一类特殊的故障事件，这类故障事件对系统的影响是使系统可用堆内存减少，但不会导致泄漏；f_1，f_2，…，f_n可以划分为另一类故障事件，这类故障事件对系统的影响同样是使系统可用堆内存减少，但会导致泄漏。这样便可以通过这些事件对系统的影响对它们进行简单划分，从而得到系统故障模型 M_F，如图 6-6 所示。其中，$F_{11} = \{\sigma_1，\sigma_2，…，\sigma_n\}$，$F_{12} = \{f_1，f_2，…，f_n\}$。

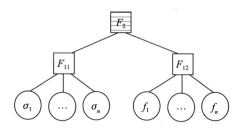

图 6-6　Java 虚拟机系统 G 的故障模型

根据图 6-6 可知，故障模型 M_F 中的所有叶子节点以及 F_{11} 和 F_{12} 均为不可诊断状态，只有根节点 F_2 具备可诊断性（在图 6-6 中填充横状条纹表示）。根据第 2 章的讨论可知，系统 G 在故障模型 M_F 下的可诊断度为 1，但是可诊断深度为 0。因此，在故障模型 M_F 下，系统设计所能达到的最大自愈度为 1，自愈深度为 0，系统自愈度达到最大的设计条件为存在修复断言 $p < r_k, F_2 >$。为了使系统在故障模型 M_F 下自愈度达到最大，修复计划（策略）r_k 的设计是其中的关键问题。

故障 F_2 的诊断过程为，监控器通过自身传感器获得虚拟机系统堆内存占用量，并通过探测器计算得到堆内存占用量变化事件 $< h(x) \rightarrow h(x') >$，并输出 β_1 或者 β_2；诊断器根据堆内存占用量变化事件和故障模型 M_F 诊断内存分配事件的发生，只要出现堆内存占用量增大，即可诊断出 F_2 的发生。但诊断过程中有两个问题需要考虑：一是 F_2 的发生并不能说明一定出现了可能导致内存泄漏的操作，也可能是正常的内存分配操作；二是内存泄漏并不一定导致系统失败，内存泄漏在一定范围内并不会影响系统正常运行。因此，实时诊断 F_2 的发生并执行修复策略并不是最佳选择，因为修复策略的执行在一定程度上会影响系统效率。实际中，可以根据系统自身特点设置堆内存占用量阈值，只有在堆内存占用量超出阈值情况下，才执行修复策略，即诊断过程如图 6-7 所示。这样既能保证系统运行的效率，又可以防止内存泄漏导致的系统失败。

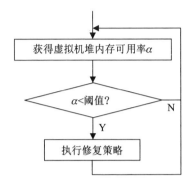

图 6-7 内存泄漏诊断过程

6.7 内存泄漏的自愈方法

6.7.1 修复策略的基本思想

内存泄漏问题本身的修复策略并不困难，只需要将导致内存泄漏的操作产生的对象所占用的堆存储空间予以及时释放即可，但前提条件是，能够诊断到所有可能导致内存泄漏的操作。然而通过上文分析可知，可能导致内存泄漏的操作对于虚拟机系统而言具有不可诊断性。在故障模型 M_F 中，只有根节点具备可诊断性，因此，修复策略只能针对根节点进行。

本书借鉴操作系统中的页面替换机制，同样针对 M_F 中根节点故障对系统的影响结果制定修复策略。修复策略的基本思想是，当虚拟机堆内存短缺（堆内存可用率小于设定阈值）时，将部分对象从堆内存写入磁盘，在记录这些对象状态后释放其所占用内存，当被写入磁盘的对象在随后被调用时，再重新把这些对象加载到内存。虽然这在一定程度上可能降低部分正常对象的访问效率，但是对于那些在程序中拥有强引用、而不再被使用的可能导致内存泄漏的对象，一旦它们被写入磁盘，将没有机会再被加载到内存，因此，该策略能够有效解决图 6 - 2 中标号为②的区域中的垃圾对象问题。

6.7.2　自愈算法

根据上文修复策略思想，Java 虚拟机系统针对内存泄漏问题的自愈过程可以分为四个主要阶段，具体描述如下：

（1）阶段 1：初始化阶段。初始化监控器对象与自愈器对象，设置堆内存可用率下界，为可能成为垃圾的对象创建代理对象，初始化导出对象映射。

（2）阶段 2：诊断阶段。系统通过监控器获得虚拟机堆内存占用状态，当虚拟机堆内存可用率小于阈值时，进入阶段 3，否则，继续监控虚拟机堆内存占用状态。

（3）阶段 3：对象导出阶段。通过序列化方法将虚拟机中可能的垃圾对象写入磁盘，同时记录每个被写入磁盘对象的状态信息，建立导出对象映射，然后将代理对象的原对象引用置空，启动 Java 垃圾收集器 GC，回收原对象所占用的堆内存空间。

（4）阶段 4：对象访问阶段。当写入磁盘的对象被再次调用时（通过对应代理对象），如果代理对象中原对象的引用为空，根据导出对象映射中的信息将原对象从磁盘重新加载到内存，否则，调用代理对象中的原对象引用。

由以上四个阶段构成的自愈算法具体描述如表 6 - 1 所示。

表 6 - 1　　　　　　算法 6 - 1——内存泄漏自愈算法的描述

阶段 1：初始化
L1：初始化 *healer*，*FREEMEMORYTHRESHOLD*，*proxy*，*referenceMap*，*serializer*
阶段 2：诊断
L2：*currentFreeMemory = healer. getFreeMemoryValue（）;*

续表

L3：	*if(currentFreeMemory < FREEMEMORYTHRESHOLD)*
L4：	*GOTO* L6；
L5：	*else GOTO* L2；
阶段 3：对象导出	
L6： *proxy. lock( )*；	
L7：	*serializer. writeObject(proxy)*；
L8：	*healer. referenceMa p(proxy)*；
L9：	*healer. nullifyTargetObject(proxy)*；
L10： *healer. invokeGC( )*；	
L11： *proxy. release( )*；	
阶段 4：对象访问	
L12： *proxy. lock ( )*；	
L13： *root = referentMap. getRootObject(proxy)*；	
L14： *if(root = null)*	
L15：	*root = serializer. readObjec t(proxy)*；
L16： *else // 当前对象仍在内存中*	
L17：	*proxy. targetObj = root*
L18： *proxy. release ( )*；	

6.8　实验结果与分析

根据上文提出的自愈算法，本书实现了一个内存泄漏自愈器，并结合 StackLeaker 栈内存泄漏问题进行了实验。实验环境为：一台 Intel Core Quad CPU（2.66GHz）机器，4GB RAM，操作系统为 Windows XP Service Pack 2，Java 环境为 jdk1.5.0_05，传感器通过 Java 虚拟机监视程序接口（JVMPI）

实现。激励程序执行时仍限制虚拟机堆内存空间为256MB。

策略有效性主要体现在两个方面：第一方面，当虚拟机堆内存占用率达到预定阈值时，自愈器是否能够导出可能的垃圾对象，释放虚拟机堆内存空间；第二方面，当导出的对象再次被访问时，自愈器是否能重新导入被访问对象。

为了验证自愈策略第一方面的有效性，在策略实现中，设置程序堆内存使用阈值为250MB，即内存使用量达到250MB时，自愈器线程开始导出对象。另外，假定所有入栈对象（10MB）均为可能的垃圾对象，即入栈时创建代理对象。实验结果如图6－8所示，图中虚拟机堆内存占用量达到250MB时开始下降说明了策略在内存对象导出方面的有效性。

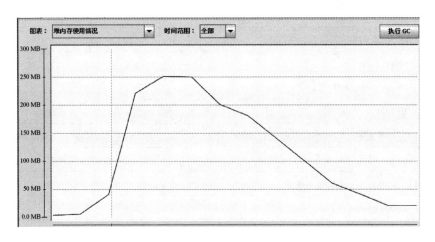

图6－8　自愈策略有效性（1）

为了验证自愈策略第二方面的有效性，需要在内存对象导出后，重新访问被导出对象。为此，我们可以对激励程序稍加修改，在栈中所有对象出栈后，增加循环遍历elements中所有对象，实验结果如图6－9所示，图中虚拟机堆内存占用量在下降之后的回升过程说明了自愈策略在对象重新导入方面的有效性。

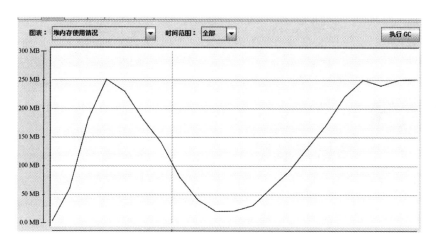

图 6 - 9   自愈策略有效性 （2）

6.9   本章小结

　　针对当前软件缺陷发现和定位困难，以及缺陷消除方法需要系统间断的问题，本章从软件缺陷导致的故障对计算系统可能造成的影响结果这一角度，提出了一种解决计算系统故障问题的面向结果的自愈思想，并结合 Java 程序中的内存泄漏问题，提出了一种解决该问题的自愈方法，在不需要对导致内存泄漏的软件缺陷进行定位和消除情况下，使系统整体保持正常状态，从而能够持续提供服务，实验结果表明，所提出的自愈方法具有可行性和有效性。

第 7 章

总结与展望

随着人们对自愈计算系统研究的深入，以及越来越多研究人员尝试设计与实现自愈计算系统，以期解决各自领域遇到的问题，对自愈计算系统的研究面临系统自愈性评价、体系结构以及设计与实现方法等关键问题。

本书根据自愈计算系统领域研究现状，在西安财经大学出版基金的支持下，针对该领域所面临的关键问题进行了较深入的研究，研究成果和创新点主要体现在五个方面。

1. 提出了计算系统自愈性的形式化定义及其量化评价指标，并给出了指标计算算法

针对复杂计算系统难以精确建模的特点，本书采用离散事件系统模型对其进行描述，在此基础上，将系统可诊断性与可修复性结合起来，提出了计算系统在离散事件模型下的自愈性形式化定义，并讨论了两种自愈性的弱化形式；通过实例分析，发现故障模型对计算系统自愈性具有重要影响。为了进一步量化分析计算系统自愈性，首先给出了故障模型的统一层次树状结

构，在此基础上，通过系统对故障模型的诊断与修复的覆盖程度以及准确程度，提出了自愈度与自愈深度的定义，并给出了在特定故障模型表示下，自愈度和自愈深度的计算算法。最后，通过实例分析，说明了本书所提出的自愈性评价指标——自愈度和自愈深度对自愈计算系统设计以及评价的作用和意义，并讨论了基于所提出的评价指标，提高系统自愈性的方法和途径。

本书所提出的自愈性定义和自愈性评价指标，为自愈计算系统设计结果评价提供了参考，研究成果为自愈计算系统后续研究提供了理论基础。

2. 基于离散事件系统，提出了一种不完备模型下的系统诊断与演化方法，并给出了一种完备系统模型的具体算法

故障诊断是自愈计算系统设计中的关键问题。通过实例分析发现，在不完备的系统模型下，采用观测事件序列与系统模型进行同步积求解系统诊断的方法有可能导致故障的漏诊，这对于任务关键系统是一个很大的威胁。针对这一问题，对同步积概念进行扩展，引出了广义同步积的概念，在此基础上，进一步提出了基于 θ 同步积的系统诊断方法。实例分析结果表明，所提出的方法在给定系统模型中路径完备度情况下，通过动态设置 θ 值，能够在消除大部分伪演化路径的同时，保留了可能的诊断结果，从而在一定程度上解决漏诊问题。

模型的完备程度对于本书讨论的计算系统自愈性以及故障诊断方法具有重要影响。对于实际复杂计算系统，完备的系统模型通常很难获得。此外，系统模型也可能随着系统运行环境的变化而发生演化。针对以上问题，提出了一种基于观测序列的系统模型演化思想，并给出了一种完备系统模型的具体算法。随后，通过实例分析，展示了系统模型演化过程和演化结果，说明了所提出的演化方法对故障签名演化的适用性。

本书所提出的基于 θ 同步积的系统诊断方法，为系统模型不完备情况下的故障诊断问题提供了理论基础，所提出的基于观测序列完备系统模型的方法为系统模型演化提供了理论依据。

3. 提出了一种自愈计算系统体系结构和自愈过程描述方法

　　针对当前自愈计算系统体系结构和自愈过程缺乏统一描述的问题，通过分析与类比生物伤口愈合阶段与过程，将自愈计算系统描述为由功能层与自愈层组成的复合结构，给出了自愈计算系统的概念模型，在此基础上，进一步提出了自愈计算系统的四元组体系结构 $<F, M_F, H, P>$ 描述方法，详细描述了体系结构下各元组的详细结构及其之间的交互和约束。最后，描述了自愈计算系统在所提出体系结构下的自愈过程。

　　本书所提出的自愈计算系统体系结构为自愈计算系统分析与设计提供了参考，通过将故障模型引入体系结构，为支持基于模型的系统自愈性分析与系统演化提供了基础。

4. 提出了一种以故障模型为中心的自愈计算系统设计方法

　　针对自愈计算系统的功能层与自愈层交织所带来的系统设计复杂性问题，以及系统实现中的代码缠结问题，借鉴 MDA 思想，提出一种以故障模型为中心的自愈计算系统横向模型驱动的设计方法，并给出了系统设计与实现框架，支持将自愈计算系统的功能层模型与自愈层模型加以划分与隔离，进行分别建模，并根据需要通过不同层次的模型组合或者代码编织得到系统整体模型或代码。最后，通过一个具有自愈特征的"捷联惯性导航仿真软件"的设计验证了所提出设计方法的可行性和有效性。

　　本书所提出的自愈计算系统设计方法与实现框架能有效地将系统功能层与自愈层设计分离，并能随后通过故障模型进行耦合，从而降低了系统设计整体复杂性，为自愈计算系统设计与实现提供了参考。

5. 提出了一种面向结果的自愈方法

　　针对当前软件故障的解决方法不适合于自愈计算系统的问题，提出了一种面向结果的自愈思想，从软件故障对计算系统可能造成的影响结果角度出发，构造故障模型并制定修复策略，使软件系统自愈过程能够在不停机情况下进行。随后，结合 Java 程序中的内存泄漏问题，根据所提出的自愈思想，给出了一种面向结果的自愈方法。最后，通过实验验证了所提出自愈方法的可行性和有效性。

本书所提出的自愈方法，为计算系统故障诊断和修复提供了一种新思路，为自愈计算系统自愈策略设计提供了参考。

7.2 展望

本书针对自愈计算系统面临的关键问题进行了较为深入的研究，取得了一定成果。在本书研究工作的基础上，以下问题值得进一步的深入探索和研究：

1. 自愈计算系统故障模型构建方法

本书针对计算系统自愈性的讨论是以确定的故障模型为基础，故障模型除了应该描述系统可能出现的故障情况、故障表征以及故障对系统的影响之外，还要描述故障之间的关系，然而，由于同一故障在不同环境下对系统的影响可能不同，不同类型故障也可能由于它们之间存在依赖关系而相互触发，这些都使故障模型构造变得十分复杂。本书仅针对系统自愈性评价需求，给出了故障模型的统一结构和表示形式，尚未针对故障模型的具体构造方法进行深入讨论，而故障模型不同构造方法所得到的结果，将对系统自愈性产生重要影响，这一问题值得进一步深入研究和讨论。

2. 不完备模型下的系统诊断方法研究

对于现实中的复杂计算系统，我们能够得到的离散事件系统模型大部分情况下是不完备的。本书提出的 θ 同步积和路径同步度的概念，为不完备模型下的系统诊断提供了一种思路和方法基础。由于诊断结果的精确程度依赖于同步度 θ，因此，在实际应用中，如何选择合适的 θ 值，值得进一步深入研究。此外，本书所提出的基于 θ 同步积诊断的诊断方法是基于系统全局模型的，对于分布式系统不完备模型下的诊断问题也值得进一步深入研究。

3. 系统演化方法研究

　　实际中的复杂计算系统除了模型不完备的特点之外，系统模型也可能随着系统运行环境的变化而发生演化。基于实际观测序列中的事件也必然存在于系统运行的真实路径中的这一事实，本书提出了一种基于观测序列完备系统模型的方法，在观测序列路径完整并且充分的情况下，能够有效地完备系统模型。但实际中，如何判断观测序列路径完整性以及序列充分性有必要进一步深入研究。此外，在观测序列增量式在线增长情况下，系统模型的逐步演化方法也值得进一步深入研究。

4. 基于体系结构的自愈计算系统开发环境与工具

　　本书在自愈计算系统体系结构研究中，仅仅给出了自愈计算系统的体系结构描述以及各组成部分之间的交互，并将故障模型和策略库纳入了体系结构，其目的是为了支持基于模型的系统设计以及基于模型的设计结果自愈性评价。在此基础上，基于体系结构的自愈计算系统设计方法、开发环境与工具以及基于模型的计算系统自愈性评价方法等都需要后续的进一步研究。

5. 自愈策略的表示与学习方法

　　本书在讨论计算系统自愈性过程中，采用断言表示故障的可修复性，而故障修复断言依赖于系统对故障的认知，系统对故障的认知依赖于知识的积累和学习。因此，自愈计算系统中故障知识以及故障修复策略的表示方法以及学习进化方法，是后续需要进一步深入研究的问题。

参考文献

［1］ Simon Herbert A. Bridging natural science, social science, humanities and engineering ［R］. Keynote Speech Dallas, Texas, USA. , the Fifth International Conference on Integrated Design and Process Technology （IDPT）：2000.

［2］ Dvorak Daniel L. , Lyu Michael. NASA Study on Flight Software Complexity ［R］. NASA Office：2009.

［3］ Davidsen Magne, Krogstie John. "Information Systems Evolution over the Last 15 Years," in Lecture Notes in Computer Science. vol. 6051. Springer Berlin / Heidelberg, 2010：296 － 301.

［4］ Jones Capers, The Economics of Software Maintenance in the Twenty － First Century ［R］. Software Productivity Research, Inc. ：2006.

［5］ Nami Mohammad Reza, Sharifi Mohsen. Autonomic Computing：A New Approach ［C］. Proceedings of Proceedings of the First Asia International Conference on Modelling & Simulation. IEEE Computer Society, 2007：352 － 357.

［6］ Yongchang Ren, Tao Xing, Xiaoji Chen, et al. Research on Software Maintenance Cost of Influence Factor Analysis and Estimation Method ［C］. Proceedings of Intelligent Systems and Applications （ISA）, 2011 3rd International Workshop on, 2011.

［7］ Paul Horn. Autonomic Computing：IBM's Perspective on the State of Information Technology ［R］, IBM Corporation：2001.

［8］ Locasto M. E. Self – Healing: Science, engineering, and fiction ［C］. Proceedings of Proceedings of the New Securiy Paradigms Workshop （NSPW 2007）, 2007.

［9］ Knight J. C. , Leveson N. G. An experimental evaluation of the assumption of independence in multi – version programming ［J］. IEEE Transactions on Software Engineering, 1986, 12 （1）: 19.

［10］ Sha L. Using simplicity to control complexity ［J］. IEEE Software, 2001, 18 （4）: 8.

［11］ W Pierce. Failure – tolerant computer design ［J］. Academic Press, 1965.

［12］ EW Dijkstra. Self – stabilizing systems in spite of distributed control ［J］. Commun ACM, 1974, 17 （11）: 2.

［13］ R Linger, N Mead, H Lipson. Requirements definition for survivable network systems ［C］. Proceedings of Proceedings of the 1998 international conference on requirements engineering （ICRE′98）, 1998.

［14］ Salehie Mazeiar, Tahvildari Ladan. Self – adaptive software: Landscape and research challenges ［J］. ACM Trans. Auton. Adapt. Syst. , 2009, 4 （2）: 1 – 42.

［15］ Kephart J. O. , Research challenges of autonomic computing ［C］. Proceedings of Proceedings of 27th International Conference on Software Engineering. ICSE 2005.

［16］ Chess D. M. , Palmer C. , White S. R. Security in an autonomic computing environment ［J］. IBM System Journal, 2003, 42: 107 – 118.

［17］ Group IBM Corporation Software. 2002, The Tivoli software implementation of autonomic computing guidelines. Available: http: //www – 03. ibm. com/ autonomic/pdfs/br – autonomic – guide. pdf.

［18］ Sterritt R. , Parashar M. , Tianfield H. , et al. A concise introduction to autonomic computing ［J］. Advanced Engineering Informatics, 2005, 19: 181 – 187.

［19］ Wolf T. De，Holvoet T. Evaluation and comparison of decentralised autonomic computing systems ［R］. Report CW 437，Leuven，Belgium，Department of Computer Science，K. U. Leuven：2006.

［20］ Ganek A. G.，Corbi T. A. The dawning of the autonomic computing era ［J］. IBM Syst. J.，2003，42（1）：5－18.

［21］ White S. R.，Hanson J. E.，Whalley I.，et al. An architectural approach to autonomic computing ［C］. Proceedings of Autonomic Computing，2004. Proceedings. International Conference on，2004.

［22］ Agarwal Anant，Harrod Bill. Organic Computing ［R］. Cambridge，MA，MIT CSAIL，Darpa IPTO：2006.

［23］ Bongard J. Biologically Inspired Computing ［J］. Computer，2009，42（4）：95－98.

［24］ DARPA. 1997，SAS home page. Available：http：//www. darpa. mil/ato/programs/suosas. htm.

［25］ DARPA. 2000，DASADA home page. Available：http：//www. rl. af. mil/tech/programs/dasada/program－overview. html.

［26］ Badger Lee. 2004，Self－Regenerative Systems（SRS）Program Abstract. Available：http：//www. tolerantsystems. org/SRSProgram/2004％20SRS％20Abstract％20Public％20Release. doc.

［27］ Anonymous. 2011，Autonomous NanoTechnology Swarm. Available：http：//ants. gsfc. nasa. gov/.

［28］ Anonymous. 2006，A self－healing approach to designing complex Software Systems. Available：http：//cordis. europa. eu/projects/79352＿ en. html.

［29］ Anonymous. 2012，FASTFIX. Available：http：//cordis. europa. eu/projects/95182＿ en. html.

［30］ Anonymous. 2012，Evolving Critical Systems. Available：http：//www. lero. ie/research.

［31］ Kephart J. O.，Chess D. M. The vision of autonomic computing ［J］. Computer，2003，36（1）：41－50.

[32] Nami M. R., Bertels K. A Survey of Autonomic Computing Systems [C]. Proceedings of Third International Conference on Autonomic and Autonomous Systems, 2007. ICAS07, 2007.

[33] Laster Sharee S., Olatunji Ayodeji O. Autonomic Computing: Towards a Self – Healing System [C]. Proceedings of Proceedings of the Spring 2007 American Society for Engineering Education Illinois – Indiana Section Conference, 2007.

[34] Portela A. E. R., Perdomo J. G. Survey: Termites system with self – healing based on autonomic computing [C]. Proceedings of Computing Congress (CCC), 2011 6th Colombian, 2011.

[35] Breitgand D., Goldstein M., Henis E., et al. PANACEA Towards a Self – healing Development Framework [C]. Proceedings of Integrated Network Management, 2007. IM'07. 10th IFIP/IEEE International Symposium on, 2007.

[36] Gorla Alessandra. Towards design for self – healing [C]. Proceedings of Fourth international workshop on Software quality assurance: in conjunction with the 6th ESEC/FSE joint meeting, Dubrovnik, Croatia. ACM, 2007: 86 – 89.

[37] Ghosh Debanjan, Sharman Raj, Raghav Rao H., et al. Self – healing systems – survey and synthesis [J]. Decision Support Systems, 2007, 42 (4): 2164 – 2185.

[38] Shehory O. SHADOWS: Self – healing complex software systems [C]. Proceedings of Automated Software Engineering – Workshops, 2008. ASE Workshops 2008. 23rd IEEE/ACM International Conference on, 2008.

[39] IBM. An architectural blueprint for autonomic computing [R]. IBM: 2003.

[40] Huebscher Markus C., McCann Julie A. A survey of autonomic computing—degrees, models, and applications [J]. ACM Comput. Surv., 2008, 40 (3): 1 – 28.

[41] Parashar Manish, Hariri Salim. "Autonomic Computing: An Overview," in Lecture Notes in Computer Science. vol. 3566. Springer Berlin / Heidel-

berg, 2005: 97.

[42] Psaier Harald, Dustdar Schahram. A survey on self – healing systems: Approaches and systems [J]. Computing (Vienna/New York), 2011, 91 (Compendex): 43 – 73.

[43] Clarke E. M. , Grumberg O. Avoiding the state explosion problem in temporal logic model checking [C]. Proceedings of Proceedings of the sixth annual ACM Symposium on Principles of distributed computing, Vancouver, British Columbia, Canada. ACM, 1987: 294 – 303.

[44] Shaw Mary. "Self – healing": softening precision to avoid brittleness [C]. Proceedings of Proceedings of the First Workshop on Self – healing Systems, Charleston, South Carolina. ACM, 2002: 111 – 114.

[45] Dashofy Eric M. , Hoek van der, Taylor Richard N. Towards architecture – based self – healing systems [C]. Proceedings of Proceedings of the First workshop on Self – healing Systems, Charleston, South Carolina. ACM, 2002: 21 – 26.

[46] Dashofy Eric M. , Hoek van der, Taylor Richard N. An infrastructure for the rapid development of XML – based architecture description languages [C]. Proceedings of Proceedings of the 24th International Conference on Software Engineering, Orlando, Florida. ACM, 2002: 266 – 276.

[47] Garlan David, Schmerl Bradley. Model – based adaptation for self – healing systems [C]. Proceedings of Proceedings of the First Workshop on Self – healing Systems, Charleston, South Carolina. ACM, 2002: 27 – 32.

[48] Garlan D. Invited Talk: Rainbow: Engineering Support for Self – Healing Systems [C]. Proceedings of Software Engineering, 2009. SBES'09. XXIII Brazilian Symposium on, 2009.

[49] Garlan D. Invited Talk – Engineering Self – Healing and Self – Improving Systems [C]. Proceedings of Secure Software Integration & Reliability Improvement Companion (SSIRI – C), 2011 5th International Conference on, 2011.

［50］ Estwick Amelia C. A business rules approach to self – healing software architecture ［D］. George Washington University, 2011.

［51］ Yang Qun, Yang Xian – chun, Xu Man – wu. A framework for dynamic software architecture – based self – healing ［C］. Proceedings of Systems, Man and Cybernetics, 2005 IEEE International Conference on, 2005.

［52］ 万群丽. 基于软件体系结构的自愈研究与应用 ［D］. 南京：南京大学, 2004.

［53］ Jiwen Wang, Chenghao Guo, Fengyu Liu. Self – healing based software architecture modeling and analysis through a case study ［C］. Proceedings of Networking, Sensing and Control, 2005. Proceedings. 2005 IEEE, 2005.

［54］ Jeongmin Park, Giljong Yoo, Eunseok Lee. A Reconfiguration Framework for Self – Healing Software ［C］. Proceedings of Convergence and Hybrid Information Technology, 2008. ICHIT'08. International Conference on, 2008.

［55］ Shin Michael E. , Cooke Daniel. Connector – based self – healing mechanism for components of a reliable system ［J］. SIGSOFT Softw. Eng. Notes, 2005, 30 （4）: 1 – 7.

［56］ Ravi R. K. , Sathyanarayana V. Container based framework for self – healing software system ［C］. Proceedings of Distributed Computing Systems, 2004. FTDCS 2004. Proceedings. 10th IEEE International Workshop on Future Trends of, 2004.

［57］ Gao J. , Kar G. , Kermani P. Approaches to building self healing systems using dependency analysis ［C］. Proceedings of Network Operations and Management Symposium, 2004. NOMS 2004. IEEE/IFIP, 2004.

［58］ Shin M. E. , An J. H. Self – Reconfiguration in Self – Healing Systems ［C］. Proceedings of Engineering of Autonomic and Autonomous Systems, 2006. EASe 2006. Proceedings of the Third IEEE International Workshop on, 2006.

［59］ Park Jeongmin, Jung Jinsoo, Piao Shunshan, et al. Self – healing Mechanism for Reliable Computing ［J］. International Journal of Multimedia and

Ubiquitous Engineering, 2008, 3 (1).

[60] Park Jeongmin, Youn Hyunsang, Lee Eunseok. An automatic code generation for self – healing [J]. Journal of Information Science and Engineering, 2009, 25 (Compendex): 1753 – 1781.

[61] Vassev Emil lordanov. Towards a Framework for Specification and Code Generation of Autonomic Systems [D]. Montreal, Quebec, Canada: Concordia University, 2008.

[62] Vassev E., Hinchey M. ASSL Specification and Code Generation of Self – Healing Behavior for NASA Swarm – Based Systems [C]. Proceedings of Engineering of Autonomic and Autonomous Systems, 2009. EASe 2009. Sixth IEEE Conference and Workshops on, 2009.

[63] Truszkowski W., Hinchey M., Rash J., et al. NASA's swarm missions: the challenge of building autonomous software [J]. IT Professional, 2004, 6 (5): 47 – 52.

[64] Oracle Inc. 2012, The Java^{TM} Language Specification. Available: http://docs. oracle. com/javase/specs/jls/se7/html/jls – 9. html#jls – 9. 6. 1.

[65] Organise Eclipse. 2012, AspectJ. Available: http://www. eclipse. org/aspectj/.

[66] Haydarlou A. R., Overeinder B. J., Brazier F. M. T. A Self – Healing Approach for Object – Oriented Applications [C]. Proceedings of Database and Expert Systems Applications, 2005. Proceedings. Sixteenth International Workshop on, 2005.

[67] Fuad M. M., Deb D., Oudshoorn M. J. Adding Self – Healing Capabilities into Legacy Object Oriented Application [C]. Proceedings of Autonomic and Autonomous Systems, 2006. ICAS'06. 2006 International Conference on, 2006.

[68] Griffith Rean, Kaiser Gail E, Adding Self – healing capabilities to the Common Language Runtime [R]. Technical Reports Department of Computer Science, Columbia University: 2005.

[69] Gaudin Benoit, Vassev Emil, Hinchey Mike, et al. A Control Theory

based approach for self – healing of un – handled runtime exceptions [C]: Proceedings of 8th International Conference on Autonomic Computing (ICAC 2011), Karlsruhe, Germany. Association Computing Machinery, 2011.

[70] Shehory O., S. Ur, Margaria T. Self – healing technologies in SHADOWS: Targeting performance, concurrency and functional aspects [C]. Proceedings of Proc. of the 10th Int. Conf. on Quality Engineering in Software Technology (CONQUEST), 2007.

[71] Shehory Onn. "A Self – healing Approach to Designing and Deploying Complex, Distributed and Concurrent Software Systems," in Lecture Notes in Computer Science. vol. 4411. Springer Berlin / Heidelberg, 2007: 3 – 13.

[72] Jung G., Margaria T., Wagner C., et al. Formalizing a Methodology for Design – and Runtime Self – Healing [C]. Proceedings of Engineering of Autonomic and Autonomous Systems (EASe), 2010 Seventh IEEE International Conference and Workshops on, 2010.

[73] 涂序彦, 王枞, 郭燕慧. 大系统控制论 [M]. 北京: 北京邮电学院出版社, 2005.

[74] Norman D. A., Ortony A., Russell D. M. Affect and machine design: Lessons for the development of autonomous machines [J]. IBM Systems Journal, 2003, 42 (1): 38 – 44.

[75] Kephart J. O., Walsh W. E. An artificial intelligence perspective on autonomic computing policies [C]. Proceedings of Policies for Distributed Systems and Networks, 2004. POLICY 2004. Proceedings. Fifth IEEE International Workshop on, 2004.

[76] 廖备水, 李石坚, 姚远, 等. 自主计算概念模型与实现方法[J]. 软件学报, 2008, 19 (4): 779 – 802.

[77] Vassev E., Hinchey M. Knowledge Representation and Reasoning for Intelligent Software Systems [J]. Computer, 2011, 44 (8): 96 – 99.

[78] Yousheng Tian, Yingxu Wang, Gavrilova M. L., et al. A formal knowledge representation system for the cognitive learning engine [C]. Proceed-

ings of Cognitive Informatics & Cognitive Computing (ICCI * CC), 2011 10th IEEE International Conference on, 2011.

[79] Lawry J., Yongchuan Tang. Granular Knowledge Representation and Inference Using Labels and Label Expressions [J]. Fuzzy Systems, IEEE Transactions on, 2010, 18 (3): 500 – 514.

[80] Tong Lu, Chiew – Lan Tai, Huafei Yang, et al. A Novel Knowledge – Based System for Interpreting Complex Engineering Drawings: Theory, Representation, and Implementation [J]. Pattern Analysis and Machine Intelligence, IEEE Transactions on, 2009, 31 (8): 1444 – 1457.

[81] Walsh W. E., Tesauro G., Kephart J. O., et al. Utility functions in autonomic systems [C]. Proceedings of Autonomic Computing, 2004. Proceedings. International Conference on, 2004.

[82] Jeffrey O. Kephart, Rajarshi Das. Achieving Self – Management via Utility Functions [J]. Internet Computing, IEEE, 2007, 11 (1): 40 – 48.

[83] Cheng Shang – Wen. Rainbow: Cost – Effective Software Architecture – Based Self – Adaptation [D]. Pittsburgh: Carnegie Mellon University, 2008.

[84] Sigg Stephan, Beigl Michael, Banitalebi Behnam. Organic Computing—A Paradigm Shift for Complex Systems [M]. Springer, 2011.

[85] Bisadi M., Sharifi M. A Biologically—Inspired Preventive Mechanism for Self – Healing of Distributed Software Components [C]. Proceedings of Advanced Engineering Computing and Applications in Sciences, 2008. ADVCOMP' 08. The Second International Conference on, 2008.

[86] Boesen Michael Reibel, Madsen Jan. eDNA: A Bio – Inspired Reconfigurable Hardware Cell Architecture Supporting Self – organisation and Self – healing [C]. Proceedings of NASA/ESA Conference on Adaptive Hardware and Systems (AHS), Moscone Convention Center, San Francisco, California, 2009.

[87] 王纪文. 计算系统的自恢复模型构建和自愈策略的研究 [D]. 南京: 南京理工大学, 2006.

[88] Shapiro Michael W. Self – Healing in Modern Operating Systems [J].

Queue, 2004, 2 (9): 66 – 75.

[89] David F. M. , Campbell R. H. Building a Self – Healing Operating System [C]. Proceedings of Dependable, Autonomic and Secure Computing, 2007. DASC 2007. Third IEEE International Symposium on, 2007.

[90] Momeni H. , Kashefi O. , Sharifi H. How to Realize Self – Healing Operating Systems? [C]. Proceedings of Information and Communication Technologies: From Theory to Applications, 2008. ICTTA 2008. 3rd International Conference on, 2008.

[91] Ring Sandra, Esler David, Cole Eric. Self – healing mechanisms for kernel system compromises [C]. Proceedings of Proceedings of the 1st ACM SIG-SOFT workshop on Self – managed systems, Newport Beach, California. ACM, 2004: 100 – 104.

[92] Katori Tomohiro, Sun Lei, Nilsson Dennis K. , et al. Building a self – healing embedded system in a multi – OS environment [C]. Proceedings of Proceedings of the 2009 ACM symposium on Applied Computing, Honolulu, Hawaii. ACM, 2009: 293 – 298.

[93] 李航. 一种面向自愈计算的 OS 体系架构的研究 [D]. 西安: 西安电子科技大学, 2007.

[94] Anonymous. 2012, Minix3. Available: http: //www. minix3. org/.

[95] Anonymous. 2012, Solaris. Available: http: //www. oracle. com/us/products/servers – storage/solaris/overview/index. html.

[96] Anonymous. 2012, Choices. Available: http: //choices. cs. uiuc. edu/.

[97] Pegoraro R. , Filho H. F. , Sacoman M. A. R. , et al. A Self – Healing Architecture for Web Service – Based Applications [C]. Proceedings of Computational Science and Engineering Workshops, 2008. CSEWORKSHOPS′ 08. 11th IEEE International Conference on, 2008.

[98] Wei Ren, Gang Chen, Haifeng Shen, et al. Dynamic Self – Healing for Service Flows with Semantic Web Services [C]. Proceedings of Web Intelligence and Intelligent Agent Technology, 2008. WI – IAT′08. IEEE/WIC/ACM In-

ternational Conference on, 2008.

[99] Wu Guoquan, Wei Jun, Huang Tao. Towards self – healing web services composition [C]. Proceedings of 1st Asia – Pacific Symposium on Internetware, Internetware 2009, October 17, 2009 – October 18, 2009, Beijing, China, 2009. IEEE Computer Society.

[100] Yin Ying, Zhang Bin, Zhang Xizhe, et al. A Self – healing composite Web service model [C]. Proceedings of Services Computing Conference, 2009. APSCC 2009. IEEE Asia – Pacific, 2009.

[101] Friedrich G., Fugini M., Mussi E., et al. Exception Handling for Repair in Service – Based Processes [J]. Software Engineering, IEEE Transactions on, 2010, 36 (2): 198 – 215.

[102] Yoo Giljong, Lee Eunseok. Self – Healing Methodology in Ubiquitous Sensor Network [J]. International Journal of Advanced Science and Technology, 2009, 3.

[103] Bokareva T., Bulusu N., Jha S. SASHA: Toward a Self – Healing Hybrid Sensor Network Architecture [C]. Proceedings of Embedded Networked Sensors, 2005. EmNetS – II. The Second IEEE Workshop on, 2005.

[104] Dutta R., Yong Dong Wu, Mukhopadhyay S. Constant Storage Self – Healing Key Distribution with Revocation in Wireless Sensor Network [C]. Proceedings of Communications, 2007. ICC' 07. IEEE International Conference on, 2007.

[105] Meyer Thomas, Yamamoto Lidia, Tschudin Christian. A self – healing multipath routing protocol [C]. Proceedings of Proceedings of the 3rd International Conference on Bio – Inspired Models of Network, Information and Computing Sytems, Hyogo, Japan. ICST (Institute for Computer Sciences, Social – Informatics and Telecommunications Engineering), 2008: 1 – 8.

[106] Vassev E., M Hinchey. Fundamentals of Designing Complex Aerospace Software Systems [C]. Proceedings of Proceedings of Complex Systems Design & Management (CSDM2011). Springer – Verlag, 2011.

[107] Rouff C. A. , Hinchey M. G. , Rash J. L. , et al. Towards a Hybrid Formal Method for Swarm—Based Exploration Missions [C]. Proceedings of Software Engineering Workshop, 2005. 29th Annual IEEE/NASA, 2005.

[108] Truszkowski W. F. , Hinchey M. G. , Rash J. L. , et al. Autonomous and autonomic systems: a paradigm for future space exploration missions [J]. Systems, Man, and Cybernetics, Part C: Applications and Reviews, IEEE Transactions on, 2006, 36 (3): 279 - 291.

[109] Lei Sun, Nilsson D. K. , Katori T. , et al. Online Self – Healing Support for Embedded Systems [C]. Proceedings of Object/Component/Service – Oriented Real—Time Distributed Computing, 2009. ISORC'09. IEEE International Symposium on, 2009.

[110] Ahmed Shameem, Ahamed Sheikh I. , Sharmin Moushumi, et al. Self – healing for autonomic pervasive computing [C]. Proceedings of Proceedings of the 2007 ACM symposium on Applied computing, Seoul, Korea. ACM, 2007: 110 - 111.

[111] Zizhong Chen, Dongarra J. Highly Scalable Self – Healing Algorithms for High Performance Scientific Computing [J]. Computers, IEEE Transactions on, 2009, 58 (11): 1512 - 1524.

[112] Elsadig M. , Abdullah A. , Samir B. B. Intrusion Prevention and self – healing algorithms inspired by danger theory [C]. Proceedings of Computer and Automation Engineering (ICCAE), 2010 The 2nd International Conference on, 2010.

[113] Brown A. B. , Redlin C. Measuring the Effectiveness of Self – Healing Autonomic Systems [C]. Proceedings of Autonomic Computing, 2005. ICAC 2005. Proceedings. Second International Conference on, 2005.

[114] Dai L. Introduction to discrete event systems [Book Review] [J]. Automatic Control, IEEE Transactions on, 2001, 46 (2): 353 - 354.

[115] Cordier M. - O. , Trav'e – Massuy'es L. , Pucel X. Comparing diagnosability in continuous and discrete – event systems [C]. Proceedings of Proc. of

the 17th International Workshop on Principles of Diagnosis, 2006.

[116] Lafortune Stephane, Chen Enke. A Relational Algebraic Approach to the Representation and Analysis of Discrete Event Systems [C]. Proceedings of American Control Conference, 1991.

[117] Koopman P. Elements of the self – healing system problem space [C]. Proceedings of Proceedings of the ICSE WAD03, 2003.

[118] Sampath M., Sengupta R., Lafortune S., et al. Diagnosability of discrete – event systems [J]. Automatic Control, IEEE Transactions on, 1995, 40 (9): 1555 – 1575.

[119] Ali S., Andrews J. H., Dhandapani T., et al. Evaluating the Accuracy of Fault Localization Techniques [C]. Proceedings of Automated Software Engineering, 2009. ASE'09. 24th IEEE/ACM International Conference on, 2009.

[120] 单锦辉, 徐克俊, 王戟. 一种软件故障诊断过程框架 [J]. 计算机学报, 2011, 34 (2).

[121] 叶俊民, 谢茜, 姜丽, 等. 一种调和序列生成及其在故障定位中的应用 [J]. 计算机科学, 2011, 38 (3).

[122] 朱荣. 软件测试中故障模型的建立 [J]. 计算机工程与应用, 2003, 39 (17): 4.

[123] 李明. 基于模型验证的故障定位方法研究 [D]. 武汉: 华中师范大学, 2010.

[124] Kruchten P., Obbink H., Stafford J. The Past, Present, and Future for Software Architecture [J]. Software, IEEE, 2006, 23 (2): 22 – 30.

[125] Babar M. A., Gorton I. Software Architecture Review: The State of Practice [J]. Computer, 2009, 42 (7): 26 – 32.

[126] Wang Can, Li Yang, Bu Jianjun. A biological formal architecture of self – healing system [C]. Proceedings of Systems, Man and Cybernetics, 2004 IEEE International Conference on, 2004.

[127] Elhadi Mazin, Abdullah Azween. Layered biologically inspired self – healing software system architecture [C]. Proceedings of Information Technology,

2008. ITSim 2008. International Symposium on, 2008.

［128］Changting Shi, Rubo Zhang, Bailong Liu. Layered Self – Healing Software Architecture of AUV Based on Micro – Reboot ［C］. Proceedings of Intelligent Systems and Applications, 2009. ISA 2009. International Workshop on, 2009.

［129］Vassev E. , Paquet J. ASSL—Autonomic System Specification Language ［C］. Proceedings of Software Engineering Workshop, 2007. SEW 2007. 31st IEEE, 2007.

［130］Chen Kung, Chen Ju – Bing. Aspect – Based Instrumentation for Locating Memory Leaks in Java Programs ［C］. Proceedings of Proceedings of the 31st Annual International Computer Software and Applications Conference – Volume 02. IEEE Computer Society, 2007: 23 – 28.

［131］Xu Guoqing, Rountev Atanas. Precise memory leak detection for java software using container profiling ［C］. Proceedings of Proceedings of the 30th international conference on Software engineering, Leipzig, Germany. ACM, 2008: 151 – 160.

［132］Ananian C. Scott, Rinard Martin. Data size optimizations for Java programs ［J］. SIGPLAN Not. , 2003, 38 (7): 59 – 68.

［133］Zenmyo T. , Yoshida H. , Kimura T. A Self – Healing Technique based on Encapsulated Operation Knowledge ［C］. Proceedings of Proceedings of the 2006 IEEE International Conference on Autonomic Computing. IEEE Computer Society, 2006: 25 – 32.